绿色建筑专家访谈（2022）

Interviews with Experts on Green Building（2022）

国　际　绿　色　建　筑　联　盟
江苏省住房和城乡建设厅科技发展中心　　编著
江苏省建筑科学研究院有限公司

中国建筑工业出版社

图书在版编目（CIP）数据

绿色建筑专家访谈. 2022 = Interviews with
Experts on Green Building（2022）/ 国际绿色建筑联
盟，江苏省住房和城乡建设厅科技发展中心，江苏省建筑
科学研究院有限公司编著. -- 北京：中国建筑工业出版
社，2024.8. -- ISBN 978-7-112-30227-7

Ⅰ.TU-023

中国国家版本馆CIP数据核字第2024LP1599号

责任编辑：张智芊　宋　凯
责任校对：芦欣甜

绿色建筑专家访谈（2022）

Interviews with Experts on Green Building（2022）

国　际　绿　色　建　筑　联　盟
江苏省住房和城乡建设厅科技发展中心　编著
江苏省建筑科学研究院有限公司

*

中国建筑工业出版社出版、发行（北京海淀三里河路9号）
各地新华书店、建筑书店经销
华之逸品书装设计制版
天津裕同印刷有限公司印刷

*

开本：787毫米×1092毫米　1/16　印张：7¼　字数：115千字
2024年9月第一版　2024年9月第一次印刷
定价：78.00元
ISBN 978-7-112-30227-7
（43556）

本书编委会

编著

国际绿色建筑联盟

江苏省住房和城乡建设厅科技发展中心

江苏省建筑科学研究院有限公司

编写委员会

主　　任：缪昌文

副 主 任：刘大威

委　　员（按姓氏笔画排序）：

　　　　王　乐　王登云　刘永刚　张　赟　张跃峰

主　　编：刘大威

副 主 编：刘永刚　张　赟

编写人员（按姓氏笔画排序）：

　　　　张　露　赵慧媛　黄　栩　缪佳林

何镜堂

中国工程院院士
华南理工大学建筑学院名誉院长、
教授
华南理工大学建筑设计研究院首席
总建筑师
国际绿色建筑联盟咨询委员会专家

韩冬青

全国工程勘察设计大师
东南大学建筑学院教授
东南大学建筑设计研究院有限公司
首席总建筑师
国际绿色建筑联盟咨询委员会专家

刘加平

中国工程院院士
东南大学教授
国际绿色建筑联盟咨询委员会专家

张鹏举

全国工程勘察设计大师
内蒙古工大建筑设计有限责任公司
董事长
国际绿色建筑联盟咨询委员会专家

程泰宁

中国工程院院士
全国工程勘察设计大师
东南大学建筑设计与理论研究中心
主任、教授
筑境设计主持人
国际绿色建筑联盟咨询委员会专家

刘志军
江苏省设计大师
江苏省建筑设计研究院股份有限公司执行总建筑师
国际绿色建筑联盟技术委员会专家

张 彤
江苏省设计大师
东南大学建筑学院院长、教授
国际绿色建筑联盟技术委员会专家

李 青
江苏省设计大师
南京金宸建筑设计有限公司资深总建筑师
国际绿色建筑联盟技术委员会专家

马晓东
江苏省设计大师
东南大学建筑设计研究院有限公司总建筑师
国际绿色建筑联盟技术委员会专家

杨 明
华东建筑设计研究院有限公司总建筑师

序

　　我国绿色建筑经历了一个逐步发展的过程，从最初的"四节一环保"至"安全耐久、生活便利、健康舒适、环境宜居、资源节约"五大性能，兼顾绿色空间营造、延续历史文脉等内涵，在实践层面更加强调了建筑师统筹、设计与技术的协同创新。在"双碳"目标的引领下，绿色建筑内涵进一步丰富，在提升建筑环境舒适性和居住者体验感的同时，关注全生命周期减碳降碳，推动绿色建筑从物质技术的集成，走向建筑本体的"绿色化"，走向人与环境和谐共生的综合实践。

　　多年来，我一直从事建筑设计与理论研究，倡导建筑创作回归"以人为本"的本原初衷，不过分追求外表，让建筑服务于人、为人所用。从"本原设计"出发，绿色建筑发展不能停留在理念层面，而应由建筑师主导开展对建筑性能影响较大的方案设计，并通过后续评估考量绿色建筑是否真正达到了节能舒适的效果。我和我的团队一直在建筑创作实践中探索践行。

　　江苏的绿色建筑工作一直秉承创新引领的目标，积极探索符合地方实际的绿色发展之路。"十三五"期间，江苏在全国率先发布实施《江苏省绿色建筑发展条例》，并在全面推广绿色建筑的进程中取得了一系列丰硕的成果，各项工作走在全国前列。2020年，我主持设计的南京江北新区市民中心落地完工。项目设计灵感来源于"缓缓开启的宝盒"，设计上突出和合而生，将绿色建筑理念和江南园林造园艺术融为一体，形成有辨识度的建筑形象，打造错落有致、层次丰富的建筑空间，使其成为真正满足市民活动的功能集群。项目获得2023年度江苏省绿色建筑创新项目一等奖，入选联合国ESCAP+CityNet"亚太城市可持续发展目标优秀项目库"，为推动江苏绿色建筑发展提质增效尽了一份绵力。

在江苏省住房和城乡建设厅指导下，国际绿色建筑联盟围绕城乡建设绿色低碳发展主题，广邀专家开展访谈，已整理出版的《绿色建筑专家访谈（2021）》在行业产生显著影响，积极推动了绿色理念宣传和绿色建筑高质量发展。作为联盟首批咨询委员会专家，此次受邀为本书作序，我深感荣幸，衷心希望《绿色建筑专家访谈（2022）》能够继续得到行业的广泛关注，为城乡建设绿色发展持续贡献力量。未来，希望联盟充分发挥智库作用，做好政府参谋助手，携手更广泛的行业力量，针对绿色建筑发展中的关键问题，研究探索解决方案，共同构筑美好的绿色未来。

中国工程院院士
全国工程勘察设计大师
深圳市建筑设计研究总院有限公司总建筑师
国际绿色建筑联盟专家咨询委员会专家

|目录|

推动城市建筑一体化发展
勇担绿色建筑时代使命

韩冬青

全国工程勘察设计大师
东南大学建筑学院教授
东南大学建筑设计研究院有限公司
首席总建筑师
国际绿色建筑联盟咨询委员会专家

长期从事建筑设计和城市设计的教学、研究与设计实践。主持了金陵大报恩寺遗址博物馆、南京电视台演播中心大厦、四川泸州市民中心等60余项工程设计；主持城市设计项目50余项；出版《城市·建筑一体化设计》等专著4部、译著2部，发表学术论文90余篇；获全国优秀工程勘察设计奖、中国建筑学会建筑设计奖、中国建筑学会建筑教育奖、教育部自然科学奖、教育部科技进步奖等一系列重要奖项和荣誉。

建筑师在开始设计时有两个非常重要的思考出发点：建筑目的及建筑与城市环境的关系。建筑目的主要指建筑内部的需求，建筑与城市环境关系要思考的是建筑与城市空间及文化环境的互动问题，相比于建筑本体的功能使命，某种程度而言，建筑与城市环境的一体化更为紧要。建筑师在完成任务书要求的同时，还应当主动探寻场地的需求，通过对城市的格局及其构成因素进行剖析，阅读环境，进而理解环境。

城市环境构成复杂多样，建筑师应当主要关注以下几个方面：

场地空间作为城市的物质基础，有其独特的历史因循。建筑性质不同，历史因素对其影响的方式和程度也就不同。在大报恩寺遗址公园、小西湖传统风貌生活区等建筑遗产保护与活化项目中，建筑师在开展建筑设计前，首先要考虑历史因素。需要注意的是，历史因素不仅指场地中现存的物质遗产，还包括隐藏在历史进程与居民日常生活中的文化景观、秩序规则等历史发展痕迹。建筑师要能够通过文献研究、现场观察和体验等多种手段发掘历史，努力克服时空错位，理解场地的历史价值。

任何一个建筑都不是孤立的，它依托于环境而存在，同时又对环境产生影响。新建建筑并不是简单求变，而是在某些特定的环境场景中，出于整体考量，以低调的姿态融入整体环境之中，从形态结构、形式风格、行为功能等多层面实现与周边环境的相得益彰。城市为人使用，建筑作为其中的公共产品，通过影响城市街道等公共空间构成，进而对人的居住环境及生活方式产生影响。举例而言，相比于成片的门栏式街区，开放式的、鼓励步行的街道则更显温暖。这些问题看似是建筑形式语言的表达，归根结底是为人服务。因此，建筑师要从功能、内容等方面处理好建筑与环境及城市的关系。

同时，建筑师在进行建筑设计时还应当思考建筑本体对生态环境产生的影响。建筑在环境中的表达形态恰当与否，对其绿色性能将产生直接的影响。日照分析就是证明建筑朝向、建筑间距是否合理的主要依据。建筑空间关系布局的背后，隐藏着建筑师对所在环境、能源分布等方面的认识。建筑的绿色性能与城市环境的关系是密不可分的，二者如果割裂开，所谓的"绿色建筑"就只是物理意义上的技术堆砌，无法真正对环境带来效益。

"城市建筑一体化"，并不纯粹是各功能建筑在物理空间上的组合。随着城市发展及人民生活水平的提高，建筑的功能不再单一，建筑师想要在错综复杂的使用需求中理清建筑对环境的影响，至少应当有这些思考。

　　我们应当对"绿色低碳发展"树立正确的认识，并以此为基础探索应对方法，发展相关技术。原始社会的很多建造方式是低碳的，但与人们追求美好生活的发展进程不符。当前追求的"绿色低碳发展"，应当是在秉持"生命共同体"理念的基础上，在不破坏自然资源的同时，实现建筑空间性能的提升，协调需求与资源供给之间的矛盾，实现人与自然的和谐共存。

　　绿色建筑发展并不仅是绿色技术的发展，还需要解决如何驾驭技术的问题。这需要建筑师在绿色低碳建筑发展进程中承担重要的责任。一名好的建筑师如同一名好的乐队指挥，建筑师应当主动了解并处理好建筑内部各空间之间及建筑与环境之间的关系。

　　一个建筑对外应当考虑整体环境对建筑布局的影响，布局得当，光照、通风等自然资源能够最大限度地被引入，建筑能耗自然能下降；对内则应关注建筑整体空间体系的功能安排问题，通过合理的空间形态处理，尽可能降低建筑能耗。围绕一组连贯的行为，空间功能不同，对能源的需求也就不同。举个例子，剧院建筑的演播厅和公共空间的能源需求便不相同，建筑师要能够对项目进行整体的驾驭，以最简单的设备干预手段，实现最大程度整体性能的提升。

　　当前，建筑设计逐步与弱电专业、信息化专业等更多领域对接，绿色建筑也包含各种绿色设备的使用与调度，这就要求建筑师能够系统整体地考虑自然资源与人工手段之间的关系，当我们更少使用人工设备，就意味着给建筑带来更大的节能潜力。

　　以上问题要根据建筑整体运行的状态作出系统安排。建筑师要着眼于建筑设计、建造、运维以及拆除再利用的全生命周期，给予系统整体服务。同时，建筑师要拥有一双善于发现问题的眼睛，将工程过程中发现的问题反馈给相关行业，通过多行业联动，推动绿色低碳技术的发展。

　　就具体操作层面而言，建筑师应当主动思考这样一个问题：当在某一环境里面做一个新的建造行为时，如何去回应环境，并确保这一回应在未来依旧适用？解答这个问题，需要环境、材料、土木工程等多专业的合力参与。广义而言，每一位参与者都应当积极探索以上问题，但在实际建设过程中，往往先由建筑师直面这个需求，建筑师要勇担责任，集合多方资源，动用不同手段，推动目标达成。业内常说，建筑是遗憾的艺术。换个角度而言，每一个工程创作都会成为未来行业发展的一个台阶，这个台阶的意义就体现在向相关专业学科提出的新发展需求。目前正在发展装配式建筑，其特点是标准化，同时应考虑建筑的最终服务对象是人，多样化和个性化是其必然属性。在需求的个性化和产品的标准化之间，便会构成一种矛盾。如何在实现高效生产建造的同时打造多样化的建筑空间，这成为建筑师需要解答的新课题。在解题过程中，建筑师需要和相关学科紧密连接，整体联动，形成全行业相互匹配、相互协同的集成状态，推动整个绿色低碳事业朝着高质量、高效率的方向不断发展。

国际绿色建筑联盟的首要意义在于促进交流合作，在不同的部门、单位、专业之间形成桥梁纽带。大家依托联盟这一平台，学习分享相关知识经验，让这种交流合作的组合形成"1+1>2"的效应，最终提高整个社会推进绿色低碳的工作效率。

联盟的成员单位覆盖了很多不同的行业，他们在社会的不同层面也发挥着重要作用，联盟应当充分利用自身优势，加强整个社会对绿色低碳的科学认识，倡导社会公众成为绿色低碳生活的践行者。当人们真正了解到绿色生活方式的缘由与意义，大家就能够更加主动地从小事做起，聚沙成塔，在保护环境、节约资源的同时，彰显全社会共同推动绿色低碳发展的责任感，实现社会价值。

我非常期待联盟联合多专业、多部门，推动绿色低碳在法规、政策、体系等方面创新性建设。过去业内往往把绿色建筑理念拆解为几个技术要点进行评价，但是对于技术要点之间组合的效果，关注研究得还不够，这也导致了一些"伪绿建"现象的产生。接下来，业界在技术策略、技术规范和标准的编制上，还有许多需要不断去优化、创新的内容，这件事也不是凭一己之力能做成的，我个人非常期待通过联盟平台发现更多的问题，汇聚更多的资源，推动绿建法规、政策、体系等方面的建设。

（采访于2022年1月）

韩冬青大师团队部分成果展示

■ 金陵大报恩寺遗址公园及配套建设项目

　　该项目是为保护和展示明代皇家寺庙大报
恩寺遗址而建设的重大文化设施，对于认识遗产
保护与利用的重要性、复杂性和创造性发挥了重
大作用。该工程包括大报恩寺遗址保护和展示、
出土文物展示、汉传佛教文化展览、学术交流及
配套服务等功能。该项设计创建了以建筑空间统
筹和再现历史遗产大格局的新模式；形成了以遗
址保护和展陈为核心线索的城市文化场所的系统
设计方法；探索了以现代技术和材料诠释历史文
化意蕴的新路径。该项目已成为南京标志性历史
文化景观之一。

| 北画廊遗址

| 项目鸟瞰

■ 南京老城南小西湖街区保护与再生

该项目肩负历史风貌区保护和棚户区改造的双重任务。在居民意愿和逐户产权调研基础上，通过规划设计编制、政策机制、遗产保护修缮、市政管网、街巷环境、参与性设计等一系列探索，创新形成"小尺度、渐进式"保护再生路径，创建了政府建设平台、社区居民、设计团队协同互动的新模式，实现了历史风貌保护、公共设施改造、活力激发、持续更新的多元目标。

| 综合控制中心

| 小西湖鸟瞰

■ 金陵协和神学院大教堂

金陵协和神学院是我国最早培养基督教神职人员的高等教育基地。大教堂是其新校区的核心建筑。主要功能包括1000座位的主礼拜堂、500座位的辅堂和基督教艺术陈列馆。该项设计致力于探索在中国文化语境下诠释基督新教的精神。结合基督教礼拜的基本仪轨，运用江南庭院文化进行空间组织，强化内外融通开放的场所感。主礼拜堂采用经典十字形平面，并展现牧师与信徒之间的新型关系。内部空间通过对自然光的控制和"十字架"符号强化宗教氛围。

│ 金陵协和神学院大教堂

■ 南京市妇女儿童活动中心

作为南京河西新城文化中心区内的主要建筑之一，基本功能包括阅览、游戏、文化和技能培训、休闲、接待及管理办公等。本项目设计从城市空间的整体关联入手，串联地段步行动线，建立与相邻建筑的整体形态关系，创造出契合妇女儿童活动特点的场所环境和建筑形象。

│ 南京市妇女儿童活动中心

■ 泸州市市民中心

　　项目场地内山丘地形落差近30米。项目包含青少年文体活动、"非遗"展示和表演、职工技能培训与休闲、妇女儿童活动四个功能组群。在保护和利用既有地形地貌特色的前提下，建筑与山体互为依存。通过空间和步行动线的整体组织，在地景塑造中呈现出连续一体的文化场所体验。

| 泸州市市民中心

开拓建筑材料革新的未来之路
助力绿色低碳发展

刘加平

中国工程院院士
东南大学教授
国际绿色建筑联盟咨询委员会专家

长期致力于混凝土"收缩裂缝控制""超高性能化""流变性能调控"等领域的深入研究，以第一发明人获授权发明专利90余件，国际专利14件，中国专利银奖1件、优秀奖5件；获软件著作权11项；发表SCI/EI收录论文200余篇，出版专著1部，编制标准或规程22项。获全国创新争先奖、中国青年科技奖、国家技术发明奖二等奖、国家科技进步奖二等奖、全国五一劳动奖章、全国"杰出工程师奖"等荣誉。

习近平主席向全世界作出"碳达峰""碳中和"的庄严承诺，为行业发展带来巨大机遇，同时也对材料领域技术革新带来了挑战。混凝土作为土木建筑行业不可或缺的基础性材料，其生产使用过程中，能源消耗量及二氧化碳排放量巨大。如何在土木建筑行业中进行混凝土材料革命，在"双碳"行动中具有重要地位，任务也非常艰巨。

目前，水泥工业发展进入瓶颈期。粉煤灰作为混凝土的基础材料之一，主要取材于火电发电厂的副产物。随着能源体系的转型，以煤炭为主的火电发电规模将大比例缩减，粉煤灰等材料供应量也将随之缩减。面对这样的现实情况，专业人员应该积极探索两个问题：第一，水泥作为基础建材，自身应当如何适应绿色发展趋势？是否应探索新胶凝材料体系的发展方向？第二，在建筑材料使用的过程中，从业人员该如何在不断提升人们生活水平的同时，减少对环境的影响，积极响应低碳发展目标？

从三峡大坝到港珠澳大桥，再到江苏省内跨江、跨湖隧道等，每个项目的性质不同，挑战也各不相同。工程技术人员应善于将项目的核心需求转化为科学研究的内在动力，真正将科研成果应用到实际的建设中去。我们有幸生于一个伟大的时代，这个时代赋予科研人员极好的机遇。作为科研团队中的一份子，我们应勇担使命，以科技助推行业发展。

我认为，建筑物使用寿命的延长，对降低碳排放、推动可持续发展是非常重要的。建设隧道工程这类的大型工程项目，最大的隐患是开裂、渗漏。一旦出现裂缝，不仅需要耗费巨大的人力物力进行维修，还会导致安全隐患，影响使用寿命，造成严重后果。研究发现，在结构约束条件下收缩产生的应力，只要超过了当时的抗拉强度，就会导致开裂，从而造成渗漏。为解决这一重大难题，东南大学科研团队创造性地整合材料、结构、力学等优势专业，研究创建了水化、温湿度条件耦合作用下的理论计算模型。这一模型综合考虑了工程材料、施工方案、现场温湿度对不同结构部分的影响，将开裂风险定性内容定量化，将原本的温控计算，优化提升为混凝土抗裂性计算和设计。同时，针对混凝土从流态到固态不同阶段的收缩情况，研发了具有减少水分蒸发、膨胀补偿收缩、降低水化热、减少干燥收缩等系列功能的材料。这一研究成果在实际工程中得到了充分的检验。近期，苏锡常南部高速公路正式通车，大幅缩减了苏南各市间的交通时间，取得良好的社会反响。其中，无锡段中10.79公里长的全封闭太湖隧道是国内最长的水下隧道，相关科技成果在项目中的运用，使得这一水下隧道真正做到了滴水不漏。

在我看来，材料革新的未来之路应该表现在三个"新"。

一是"新体系"。混凝土材料要实现真正的低碳，其变革不仅在于混凝土本身，更要积极探索建立新的低碳材料体系。并且，要不断推进材料高性能化，推动新材料的发展进而推动建筑行业的变革。如果未来混凝土的抗拉强度能达到10个兆帕，甚至15个兆帕，建筑工程领域将迎来重大的变革。目前，我们正在积极推进新体系的建设，并着重研究材料和结构一体化发展，这是大势所趋，更是破解材料革新之题的关键。

二是"新方法"。混凝土配比设计研究多以试错法为主，成本较高，效率却低。下一步，科研人员可以通过高精度计算方法、智能模型等数字化手段，对混凝土这一多因素、多变量的材料进行更深入的研究；积极助力建立节约型社会，珍惜社会自然资源，做到"材尽其用"。也可以尝试根据实际建设需求，预估建设效果，通过反向设计，有针对性地选择合适的材料，实现可持续发展。

三是"新工艺"。高水平施工人员的缺失及工艺水平的落后，导致施工效果参差不齐，项目质量不稳定。如何减少施工缺陷，让具有不同特质的施工材料在建设中展现出较高的性能，从而延长项目使用寿命？这需要不断探索新工艺。我们可以考虑通过3D打印技术、VB信息技术等，创新材料施工与养护工艺，培养更多高水平的施工人才，推动材料行业的重大革新。

作为行业技术人员，首先，应树立对于土木建筑行业在基础设施建设领域的信心和自豪感；其次，要积极发扬创新精神，通过新型科技手段赋能行业；最后，要有持之以恒的定力和决心。科学发展、行业发展，过去需要、现在需要、将来依然需要人类的勤奋研究。科研结果往往是鼓舞人心的，但过程却十分枯燥。我们要有十年磨一剑的耐心与恒心，朝着目标坚持不懈地努力，才能在行业中有所成就。

　　国际绿色建筑联盟将政府、专家、企业、高校等各方面的资源整合到一个平台，并在促进行业发展方面起到了积极的推动作用。对于未来联盟的发展，首先，应该思考如何借助目前的平台，加强国内外行业内的合作与交流。其次，要进一步推进高校科研院所和企业之间的对接，加强产、学、研、用之间的沟通与合作，提高社会认知度，这样才能让联盟的工作进一步往前推进，实现更大的价值。

（采访于2022年3月）

刘加平院士团队部分项目展示

　　刘院士团队长期针对混凝土开裂导致渗漏，并加速混凝土劣化和钢筋锈蚀，严重影响工程的结构安全，缩短使用寿命的严峻现实，基于收缩开裂的机理，将材料性能与结构约束和环境温湿度相结合，创建了收缩开裂风险量化评估新方法，发明了抗裂功能材料，建立了收缩裂缝精准控制的技术体系，实现开裂风险可计算、抗裂性能可设计、收缩裂缝可控制。成果成功应用于世界最长的跨海大桥——港珠澳大桥、全国最长的湖底隧道——太湖隧道等50多项重大工程，解决了极端干燥地区混凝土的塑性开裂，以及地下空间、隧道、长大结构等收缩开裂难题。

| 港珠澳大桥　　　　　　　　　　　　　　　　　　　　　　　　　　| 太湖隧道

　　针对超高性能混凝土（UHPC）亟待解决的流动性差、养护工艺复杂和脆性大等难题，刘院士团队采用微观结构调控的思路，将理论与技术、材料与工艺相结合，从本源上提升性能；研发了免蒸养的含粗骨料UHPC，实现了高流变性、超高强度和超高韧性的统一，并大规模工程应用。成果应用于NH岛礁、南京长江五桥等20多项重大工程，解决了高温、强辐射等严酷条件下超高强大体积混凝土的技术难题，满足了重要设施的特殊防护需求；采用常规原材料及工艺制备超高性能混凝土，提升了工程抗力，突破了UHPC不使用粗骨料的国际惯例，拓展了应用领域。

| 南京长江五桥

　　针对现代混凝土流动性要求高、保持难与超早强矛盾的问题，刘院士团队揭示了共聚物时空分布与混凝土流动度、黏度、稠度的构效关系，解决了机制砂、大掺量掺和料等复杂组分导致混凝土初始流动度不足，高温和长时间等严酷条件下混凝土流动度损失大等技术难题。成果应用于世界跨径最大的铁路钢管混凝土拱桥——拉林铁路藏木大桥、田湾核电站二期等40余项重大工程，实现了严酷条件下混凝土的泵送施工、自密实成型，满足了复杂工况对混凝土流动性的特殊要求。

| 田湾核电站二期

| 拉林铁路藏木大桥
（世界跨径最大的铁路钢管混凝土拱桥）

活化历史建筑和街区
推动低效用地再开发

李　青

江苏省设计大师
南京金宸建筑设计有限公司资深总
建筑师
国际绿色建筑联盟技术委员会专家

　　多年来致力于历史建筑与街区活化、城市低效用地再开发、节能减排建筑设计策略等研究和实践。曾荣获全国优秀勘察设计铜奖、全国优秀工程勘察设计行业奖二等奖、江苏省优秀设计工程设计一等奖等荣誉。

习近平主席在第75届联合国大会上向国际社会作出"二氧化碳排放力争于2030年前达到峰值，努力争取2060年前实现碳中和"的庄严承诺。建筑领域作为仅次于工业和交通的碳排放大户，应当从全过程着手，积极推动绿色建材应用，大力发展绿色建筑，深入落实绿色施工、建筑节能改造，真正将节能减排工作做实做好。

城市更新已逐渐成为建筑行业的重点工作之一，建筑师应当从源头抓起，充分利用土地资源，注重项目的整体规划、产业整合及低效土地的提升再利用，通过"退二进三"等方式，助力城市建设高质量发展。

南京素有"六朝古都"美誉，大量的文化建筑、历史建筑如珍珠散落在城市街巷之中。建筑师要能够对这些历史文化建筑进行更新活化，焕发新的生机以适应当今城市发展进程。

落到具体操作层面上，我们针对老旧建筑"找保用""拆改留"问题开展了一系列探讨与尝试。南京百子亭风貌区始建于民国早期，无规划、无街区，由自然院落发展而来。风貌区内现有

| 百子亭项目改造前

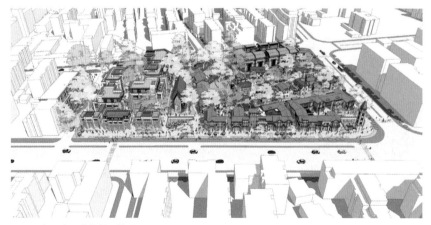

| 百子亭历史风貌保护区效果区

改造后的百子亭历史风貌保护区

市级文物保护单位3处，分别为桂永清公馆旧址、徐悲鸿故居及傅抱石故居，登录保护单位共8处。在梳理过程中，项目团队严格区分文物紫线，精细把控历史建筑分类，寻觅历史文脉、肌理、路径及空间的自然过渡，保留原有植被，组织有机空间，力求以低成本高质量活化民国时期历史建筑。

我们团队以"绣花"的态度，秉持"织补+微更新"手法，保留住历史风貌、塑造街巷肌理、人文气息，努力实现见人见物见生活的老城有机再生模式。城市方案中，对城市设计提出的历史线索、开放空间以及院落进行了传承和落地，同时组织了南北主要交通的流线和沿中央路开放广场的界面，为后续重点历史建筑的单体修缮及整体开发创造良好的前期条件。

街区整体风貌显现以空间大疏大密，纵横街巷肌理，确保自然通风采光，打通视觉廊道，编号名木古树位置，保护紫线遗存范围，研判区块划分承载力、思考可操作的开发模式。严格控制了市规划局、城市管理局对地块密度、高度、交通组织要求，对接城市新发展绿色、环保、低碳、实现复合功能的微型综合体。"保护+发展"与"修旧如旧"并举，"微改造"与"综合提升"同步。恢复南京城市民国风貌保护区指导原则，摒弃容积率、经济效益的单一追求。通过南北贯穿的内部街道的主轴和"非"字形街巷肌理因势利导、来控制诱导式自然采光通风的低碳模式，从而也丰富了沿中央路一侧有肌理的商业区气氛。将空间节点交给市民，构建大众参与度与趣味性。运用起伏的沿街建筑轮廓，诠释城市优美的风景线，形成区域独特新地标的时代标签，通过串联的各个微景观、雕塑、LOGO，激发、衍生消费。以文化导入的方式，植入多元业态，辅助沉浸式参与模式，鼓励到访者参与度。集创业、驿站、文化性消费的构成，来实现24小时活力街区。

| 西白菜园历史风貌区改造效果图

| 西白菜园历史风貌区及周边

西白菜园地处城南核心地段，现存建筑群体多为民国后期保存建筑，时代特色突出，周边文化脉络相互连接。与百子亭项目不尽相同的是，西白菜园风貌区在兴建之初便有一定的规划逻辑，区内总体风貌保存情况较好，遗存的16栋建筑俨然是南京近代住宅建筑建设和房地产开发的缩影，但是密度较大，周边高层林立，商业繁华，插建乱搭较为严重。

那么，主城区又应当如何对历史风貌区进行活化，激发城市文化活力呢？

在我看来，精细化"织补空间"是较为有效的组织方式。通过建造合理的室外灰空间，给人以休憩的地方。对历史建筑进行活化利用，在修缮的基础上进行改造，甚至"认领"，将保护与合理利用相结合。一方面允许在实践中因地制宜探索多元的活化模式，另一方面由各地文物、住建、规划等部门联合对历史建筑（尤其是文物级的）进行功能定性，通过考评其历史价值、保存现状、结构空间等具体条件，就能否利用、如何利用给出具体意见，从而细化历史建筑活化指引，建立历史建筑活化机制。

针对西白菜园这一项目，我们在尽可能保留其原有街巷肌理和建筑风貌的基础上，对项目进行分区，通盘考虑、拆除违章搭建、合理开发，并将商业策划辐射至周边的科巷菜场及大行宫街区，提高了区域文化品质。

在城市更新的过程中，低效用地的再利用也是很重要的一部分。城镇低效用地主要指，在土地利用总体规划确定的城镇建设用地范围内，布局散乱、利用粗放、用途不合理的城镇存量建设用地。低效用地再开发的模式有四种：老城嬗变、产业转型、城市创新、连片开发。以土地调查为技术支持，用宏观研究来引领焕发活力，以投资策划创新内容，以规划设计整合空间，从而提升土地全寿命周期价值观。

江苏省供销合作经济产业园位于河道与城市快速道路之间的狭长低效工业用地。设计着手产业转换和城市更新为先导，巧妙利用进退关系组织梳理交通，充分把握被动式节能的自然采光通风换气。裙房中部架空15米，打通河西景观廊道，超高层顶部打造第五立面，丰富城市轮廓线，通过扩大园区绿植范围、美化河岸保护线、滨河景观湿地一体化设计，重塑蓝线绿线景观。利用光导管技术、光伏发电技术、被动式节能建筑外遮阳体系再现低碳节能措施。充分利用地下资源，三层地下建筑满足全部自有车辆的需求。塑造土地资源利用友好、交通流线通达通畅友好、环境组织和谐友好、视觉廊道通透友好、生态循环可持续发展友好、自然能源充分利用友好、"三废"有组织排放友好、装配式技术策略友好、天际线塑造城市空间友好的"九好"空间，成为雨花区最高的地标性建筑。项目荣获绿色建筑LEED金奖、2020年度省第十九届优秀工程设计一等奖、2021年中国建设工程鲁班奖等荣誉。

｜ 江苏省供销合作经济产业园

| 江宁大数据中心

　　将军山东坡峰峦起伏，植被茂密，原有项秉仁先生20世纪80年代设计的建筑含隐在丛林之中，已经成为江宁大数据中心设计先期的制约主要条件。从项目定位和牛首山风景区通道入口的地理位置考虑，首先关注低碳、绿色原则，遵循王建国院士对牛首山至将军山片区的城市设计导则，按市规划部门给定的限高要求，尊重自然环境、依托地形、顺势而建，尽量压低建筑主体，四层建筑向下发展，融于自然，消减了建筑体量。

　　大数据中心建成后，与山势环境和谐共生，顺势而起，映衬了山体轮廓线。设计利用微地形，建造多处下沉庭院，引入绿色，景观渗透，调节用地微气候。建筑主体隐入向地下建设，形成双首层双大堂空间，巧妙解决了不同人流、机动车导入流线和消防救援需求。设计以被动式节能为导向，利用下沉广场解决地下建筑空气对流和自然采光与通风。仔细研判东、西、南、北不同朝向对各区块的影响，并利用风雨廊巧妙连接原有建筑。在三个体量之间的玻璃廊顶部增加了单晶硅太阳能发电板。同时提高了土地利用效率，凸显了对于土地资源的完全尊重。建筑功能为了合理兼顾当下使用要求和未来发展需求，布局化整为零，内部模块可以根据使用需求的变更，进行灵活变换空间划分和尺寸，以得到前瞻性，诠释了建筑全生命周期定位决策的适应性和多元复合作用，确保建筑能够获得最大效益，高效、长久地可持续发展。

南京金宸建筑设计有限公司办公楼本身也体现了我们设计的一些巧思。这一挑高空间，在设计之初便留好预埋件，在建筑使用中，我们可以根据使用需求对空间进行变换整合，灵活多变。廊道在满足使用动线需求的同时，引入两侧自然光源，满足空间内采光需求。利用装配式钢梁钢柱对上下两个空间进行分隔，在下层形成访谈空间，上层的建筑材料多源于工地的废弃材料。所有空间均未进行外粉饰或涂装，达到建筑节能效果的同时形成了特定的美学风格。

利用消防楼梯间设计攀岩墙，通过采光天窗满足自然采光与通风的需求，同时提供咖啡机、微波炉等便利设施，为员工提供休憩场所，这些人性化设计也符合绿色建筑的相关要求。

结合空间多元利用理念，用脚手架搭建展示墙，同时形成了一个半私密公共空间，分而不隔，既满足办公的使用功能，又满足空间的流动性。

办公室隔墙充分考虑复合利用，在起到隔断作用的同时满足了日常收纳的需求，将隔声、隔断、储藏融为一体。

绿色建筑是一个大课题，不仅是一代人的事业，代际间"传帮带"的作用也非常重要。我个人非常愿意参与这项工作，也将多年来的实践经验总结成册，积极开展学术交流恳谈，以期从细微处着手，助推绿色建设理念渗透到各个领域。

就整体行业而言，我觉得还是应当建立适应我国绿色建筑发展国情、发展策略的"高校 - 企业"联动机制，将实践带进课堂，真正做到产、学、研一条龙，让学生能够体验到，在一个具体的项目中，应当如何对技术、材料进行筛选，以最低的造价投入完成最高的品质产出，从实处将节能减排、绿色低碳理念进行落地。

（采访于2022年4月）

李青大师部分作品展示

■ 南京水游城

　　南京水游城是一个集商业购物、影视娱乐、餐饮、酒店等诸多功能于一体的大型商业综合体项目，建筑面积16.7万平方米，位于健康路和中华路交叉路口、夫子庙商圈核心地段。2003年开始历经16轮建筑方案研磨，并由CCD展开商业策划及商业运营定位。2008年正式开业。项目通过创造充满低碳绿色的被动式节能，利用水、太阳、风等自然气息的街道，半室外的球形中庭、运河、水岸、水上舞台、透光顶棚等设计，旨在为人们创造朝气蓬勃、可持续发展、充满欢乐的街区，并提供低碳的生活价值取向。

| 南京水游城

■ 江苏省美术馆新馆

　　江苏省美术馆新馆与中国近代史博物馆、南京图书馆新馆、梅园新村纪念馆相毗邻，东望汉府街，北邻长江路，南接中山东路，占地面积约1.3万平方米。德国KSP与南京金宸建筑设计联手精细化设计，旨在塑造室内外浑然一体设计理念。建成后的新馆兼具国际水准和时代特征，功能设置、设备配置、建筑装饰等标准达到一流水平，是江苏乃至全国的艺术品典藏、研究、展示的重要场所，成为艺术信息传播和海内外文化交流的活动中心。

| 江苏省美术馆新馆

■ 南京奥体中心

南京奥体中心是一个多功能复合型的国家级体育馆，主要建筑为"四场馆二中心"，包括体育场（含训练场）、体育馆、游泳馆、网球馆、体育科技中心和文体创业中心，占地面积89.7万平方米，建筑面积40万平方米，中心绿化率为48%，

| 南京奥体中心

水域面积为5.9万平方米。南京奥体中心的体育馆、游泳馆、新闻中心、网球中心构成的五大场馆，由HOK和江苏省建筑设计院联手打造，第一次各类交通流线三维完美整合，一次性规划、一体化设计、一体化建设而成的立体建筑群，广泛运用新材料、新工艺，强调环保、可持续发展理念，是我国最早获得国际奥委会（IOC）、国际体育和休闲设施协会（IAKS）评审的优秀体育和娱乐设施奖金奖项目。

以人为本，
提升体育场馆绿色可持续发展

刘志军

江苏省设计大师
江苏省建筑设计研究院股份有限公司执行总建筑师
国际绿色建筑联盟技术委员会专家

长期从事建筑设计、城市规划实践，创作了一批优秀体育建筑，提出了"第五代体育建筑"概念。荣获省部级以上工程设计奖20余项，省部级以上其他各类设计奖70余项，发表学术论文多篇，出版著作多部。

体育活动分为竞技体育和全民健身两类，竞技体育展现了人类勇于挑战、顽强拼搏的精神，全民健身是大众体育运动，也体现了城市重要的生机与活力。作为体育活动的物质载体，体育建筑不仅是城市重要的公共建筑，对提升区域与城市风貌、促进区域经济繁荣也有着重要的作用。

体育建筑的发展历程，体现了经济社会发展与科技进步。随着经济的快速发展，我国的体育场馆建设也同步发展并不断提升，以满足国际大型体育赛事的需要。以2008年北京奥运会为标志，我国大型体育场馆的数量、规模以及质量一直在不断提升。当前，体育建筑发展呈现以下态势。

体育场馆集社会化、大众化、商业化为一体的综合属性日益明显，体育场馆与商业的结合日益紧密。一方面体育场馆逐步配套完善商业服务设施，另一方面商业建筑内开始提供滑冰、篮球、健身等项目运动服务，甚至举办"3+3"篮球等群众性体育比赛。

体育场馆科技含量逐步增加。随着技术的发展及建造水平的提升，我国体育场馆开始逐步向智能智慧场馆过渡，出现可开闭体育场、可变换可移动体育场等高科技场馆。体育项目种类日渐多样，出现如蹦床、滑轮、电竞等新兴体育项目，这也催生了与之相应的新兴体育场馆的出现。

体育设施建设更加亲民。2014年，《国务院关于加快发展体育产业促进体育消费的若干意见》提出，打造"15分钟健身圈"，各级政府不断健全完善全民健身体育设施保障体系，丰富健身设施形式。2021年，《国务院关于印发全民健身计划（2021—2025年）的通知》，就促进全民健身更高水平发展作出部署，健康中国和体育强国建设迈出新步伐。体育场馆作为全民健身运动的重要场所，其建设与运营日益注重以人为本，强调便利化与多元化。

绿色发展成为体育场馆建设的主流趋势。在我国"双碳"国家战略稳步推进的背景下，绿色发展理念贯穿体育场馆策划、设计、建设、改造和运维的全过程，倡导体育设施建设和大型活动节约节俭，挖掘体育在建设资源节约型、环境友好型社会中的潜力，强调高效利用自然资源，设计与自然和谐共生的建筑作品，已经成为共识。

体育场馆的功能改造与城市更新有机结合。体育场馆是城市的一项庞大资产，与其所在区域的发展紧密相连。将既有体育场馆功能改造工作纳入区域城市更新计划，统筹推进体育场馆功能改造和城市更新工作，不仅有助于破解城市运动空间不足的问题，同时，以体育为引擎，可以实现对商业、餐饮、娱乐等消费链的深度整合，优化健身体验，推动业态黏合。

随着时代的发展，体育场馆设计要求更加专业化精细化，不仅体现在硬件设施的完善上，更在于对使用者体验、环境保护、科技创新以及文化传承等多方面的综合考虑。只有这样，才能打造出既符合时代需求又具有鲜明特色的现代化体育场馆，为城市的发展注入新的活力与魅力。我们可以从以下几个方面入手。

坚持以人为本的绿色发展理念，体育场馆设计和建设以运营为核心，关注赛后利用，注重功能的多功能化、智能化和可持续性，提高体育场馆资源利用率。

向优秀的传统建筑学习，发掘传统的绿色低碳建筑技术，并将技术运用到我们现在的设计中去；并积极改进、提升传统的材料与建造技术，更好地发挥其技术性能。

积极开展大型体育建筑设计后评估工作，充分利用后评估成果数据，总结规模、形式、空间组织、运营模式等方面的经验教训，为后续的设计、决策提供依据。

加强技术标准规范的支撑，推动"绿色体育场馆"标准化进程，推动完善"绿色体育场馆"标准体系建设。针对不同类型的体育场馆，制定更为细致、针对性的绿色建设、运营与管理标准。

我在体育场馆设计中，一直进行实践探索。比如，南京青奥体育中心体育馆，是我国第一座超2万人的体育馆，也是目前国内最大的室内体育馆，设计团队提出了集体育、表演、商业功能于一体的综合型体育馆方案，旨在打造一座前所未有的超级综合体。对标剧院的标准配置馆内灯光、音响等设施，所有座椅均为有带杯托的软座，确保观众在观赛或观演过程中的舒适性。观众休息大厅还引入餐饮及零售店铺，通过灯光及装修，为观众营造出一个"体育馆内的商城"般的休闲体验，进一步提升场馆的整体服务品质。

| 南京青奥体育中心体育馆

扬州游泳健身中心坐落于风景秀丽的瘦西湖畔，设计之初便秉承"景中有馆、馆中有景"的理念，通过精心规划的园林式布局，实现了与周边自然风景区的和谐共生，成为扬州市一道独特的"景馆相融"风景线。作为省运会的比赛场馆，扬州游泳健身中心拥有5个游泳池和1个综合球类馆，但它的用途并不仅限于专业的比赛场馆。为了更好地服务于广大市民，设计团队在保留必要专业元素的同时，致力于营造一个温馨、舒适的健身环境，高度重视并提升使用者的空间体验与享受。此外，扬州游泳健身中心还深刻体现了对全年龄段使用者的全面关怀。例如，率先在我国建设无障碍泳池，彰显了社会的包容与进步。同时，从关爱女性角度，优化场馆内的各项细节，控制铺装、盖板的孔隙以避免高跟鞋陷入，女性更衣柜更为宽敞，以满足长裙等服饰的存放需求。

| 扬州游泳健身中心

连云港体育中心建成于2010年，将作为2026年第21届江苏省运会主场馆。其更新改造设计，一方面出新、提升既有设备设施，并充分利用周边的广电中心、酒店等城市公共建筑，满足精彩赛事的要求；另一方面，围绕日常运营，完善运动场地，增加商业设施，并结合周边商业综合体、酒店、市集、城市绿地的更新改造，打造连云港时尚运动休闲商业中心。

| 连云港体育中心

（采访于2022年5月）

刘志军大师团队部分项目展示

■ 南京青奥体育中心

　　南京青奥体育中心是2014年南京青奥会的新建场馆，总建筑面积17万平方米，包括1座1.8万人的体育场和1座2.3万人的体育馆。体育馆按照NBA标准设计，是目前国内最大的室内体育馆。

| 南京青奥体育中心

■ 宝应体育公园

　　宝应体育公园总建筑面积4.1万平方米，包括1.5万人体育场、3000人体育馆、游泳馆、全民健身中心和一个开放的运动公园。

| 宝应体育公园

■ 扬州游泳健身中心

扬州游泳健身中心紧邻扬州瘦西湖风景区和宋夹城遗址公园，总建筑面积4万平方米，包括各类泳池5个和1个多功能健身馆。采用园林式分散布局，强调市民日常健身运动的舒适性体验感。

| 扬州游泳健身中心

■ 燕子矶体育公园

燕子矶体育公园总建筑面积10.8万平方米，包括综合运动馆、游泳馆、体育培训、室外篮球场、健身场地、室外滑雪场和商业、餐饮、办公等功能，按照"第五代体育建筑"——体育综合体的理念设计，将体育和商业、餐饮、休闲融为一体。

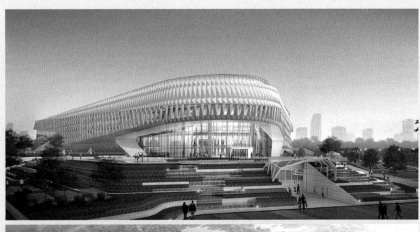

| 燕子矶体育公园

师心琢玉，
助力城乡建设绿色发展

张　彤

江苏省设计大师
东南大学建筑学院院长、教授
国际绿色建筑联盟技术委员会专家

长年从事建筑地域主义、可持续性城市与绿色建筑相关研究实践，相关作品受邀参加2010年、2016年、2021年、2023年威尼斯双年展，2014年、2017年、2021年、2023年UIA世界建筑师大会；出版专著15部，发表建筑相关论文90余篇，曾荣获国际建筑师协会（UIA）建筑教育创新奖、亚洲建筑师协会建筑设计金奖等国内外荣誉数十项。

2018—2019年，东南大学建筑学院与瑞典绿色建筑委员会及城市实验室行动机构（CITYLAB Action），以及江苏省城镇化和城乡规划研究中心、常州市规划设计研究院合作，选取常州市天宁区的5个代表性地块，依循CITYLAB行动导则，实验性地开展可持续性城市更新的专题研究和课程设计教学。

CITYLAB是瑞典绿色建筑委员会2010年针对气候变化与环境问题，创立的可持续性城市建设的全流程技术导则和咨询平台，包括两个部分：一是行动计划，通过推出逐版升级的导则，为可持续性城市建设项目提供全过程咨询、指导与评估，包括制定可持续性建设目标和确保这些目标得到实现的技术路径；二是建立一个交流网络，为社会各阶层，参建各方与利益相关方，包括政府机构、施工企业、开发商、建筑师、研究人员和公众，提供一个对话交流、教育培训、分享知识和经验，并寻求创新的平台，这一模式与国内差异较大。

常州是中国唯一一座京杭大运河穿过内城的城市，项目选取的5个地块或直接位于运河岸边，或与由运河统领的历史性水网密切关联，包含了河岸旧城中心、混合居住社区、紧靠运河的铁路货场、工业仓储用地、城中村等典型的地块类型和城市功能，同时也体现了城市化进程中不同地段的不同状态。

项目团队根据CITYLAB行动导则的现状分析要求，以可持续性城市的17个重点领域为切入视角，对5块场地及周边环境进行详细的调研，分析相关领域现状条件的特征及相互间的协同和矛盾，揭示出各自的问题和潜在机会。在调研分析的基础上，根据重点领域之间或协同或矛盾的关联性，将解决各子系统问题的策略组合叠加，综合生成地块更新和开发的总体结构，加之传统城市设计的方法路径，形成概念性规划设计方案。

常州试验只是一项初步的尝试，目的在于测试源自北欧的方法工具（CITYLAB）在中国东部城市化水平较高地区的适用性，并发掘其中适用于中国可持续性城市、碳中和城市发展之路。

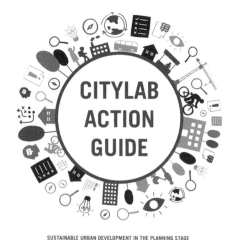

SUSTAINABLE URBAN DEVELOPMENT IN THE PLANNING STAGE
Guidance and certification
2.0

| CITYLAB 行动导则分析图

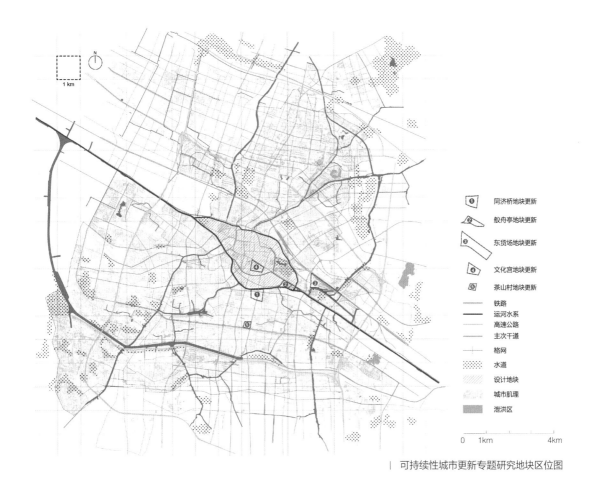

图例：

① 同济桥地块更新
② 舣舟亭地块更新
③ 东货场地块更新
④ 文化宫地块更新
⑤ 茶山村地块更新

—— 铁路
—— 运河水系
—— 高速公路
—— 主次干道
+ 格网
▨ 水道
▨ 设计地块
▨ 城市肌理
▨ 泄洪区

0 1km   4km

| 可持续性城市更新专题研究地块区位图

　　CITYLAB行动导则最具价值的部分在于，它是一个涵盖了前期策划、规划设计、实施运行和后评估的全流程指导与咨询的技术体系，强调弹性包容、开放对话与协同创新。它不只是一套评估指标，也不只是一本操作指南，17个重点领域搭建起可持续性城市建设的结构框架，是我们观察、评估城市的滤镜；而更为关键的，是在过程管理中突出强调项目开发各利益相关群体间的协商对话及参与共建，搭建一个共享知识、交流经验、在可持续性城市发展领域协同创新的平台。对我国"双碳"目标引领的新型城镇化转型发展很有借鉴意义。

　　北欧国家在可持续发展领域的理论实践与技术成果在世界范围内处于领先位置，但不能忽略的是，北欧国家城市发展相对均衡。相比之下，包括常州在内的中国绝大部分城市，经过了30年高速发展的城镇化建设，整体呈现出碎片化、差异化的趋势。这种现实从未被经典建筑学和城乡规划学界定过，也无法从任何一个国家照搬现成的经验。传统的城市规划设计往往自上而下开展，这一方法不完全适用于新型城镇化发展阶段的各种复杂需求。因此，与瑞典绿色建筑委员会的这次合作也给予我们启发，也许我们需要一种更为彻底、开放的弹性，去容纳自组织生长和难以预见的变化。

"生息营造"着眼于城镇化发展的另一面，即基于"自然生境"和"活态传统"的设计与建造实践。当前，乡村振兴工作成为国家重要的发展战略，也是国际建筑界普遍关注的话题，"生息营造"系列教案于2020年获得国际建筑师协会教育委员会首次组织评选的"建筑教育创新奖"。

"生息营造"注重从中国传统的营造经验中挖掘可持续发展的智慧，应用于当下农村的在地建造，可以凝练为以下五对关键词。

"自然生境/风土生息"

农耕与建造曾经是人类可以祈求的最好的工作，首先人们是在自然环境中工作，不像我们大部分时间被关在自己造的笼子里，然后，更重要的是，人根据自然的生息和生境的脉理劳作休养，人的需求与自然的给予取得平衡。中国传统的"农家"思想，强调的是农事与时节、地脉以及作物的生息规律相适宜，提出"时宜，地宜，物宜"的"三宜"原则，强调"合天时、地脉、物性之宜，则无所差矣。"这是整个教案的核心理念。

在这样的理念指导下，师生们对乡村的观察就不只限于房屋和建造技术，而是由自然环境和人工系统构成的整体环境，在有限的空间和资源总量中，它的系统组成、关系网络和在时间进程中的演进与往复。

"原生材料/乡土技艺"

乡土材料原生于当地，与自然生息休戚与共。当建造用于抵抗时间的磨蚀、寻求永恒时，乡土材料并不一定能作为主要材料。历史上的纪念性建筑很少用当地的原生材料；当建造的生命契合自然的生息，这些承载着日常生活和文化境界的原生物材，往往成为最具自然性的永续材料。

| 现场指导 | 学生制作现场

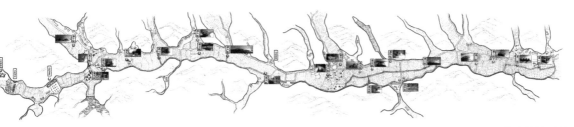

| 双庙鸭寮地舆全图

在浙江临安有这样一群人，他们主张回归原生态的农耕方式，实践可持续性生态农业的发展模式，最终选择"稻鸭共养"这一传统耕种形式。2015年，东南大学实验设计课将学生带到田间地头，32个研究生前后耗时5个月有余，从前期调查、教学准备再到田头劳作，共搭建起22个鸭寮，实现了建筑学与稻作的一次相遇。

学生们首先需要认识发生在这个村庄里的永续农业的理念与实践，了解稻鸭共养的作业要求；分组与农户结对，了解每家农户的耕地规模，养鸭数量；去到田头，选定鸭寮位置，勘察测绘地形。在了解需求的基础上，根据当地的竹材特性进行取材、加工与搭建，应对实际施工过程中可能出现的种种问题，在可能的条件下获得最好的实现。

"竹构鸭寮"实践让师生们切实触摸到了土地和材料，体会建造与场所、风土及人的关联，思考曾经在自然中生息持续的耕作与建造，如何在当今的生产与消费条件下得以再生与发展，以及更为基本的人与土地的关系。

| 鸭寮小组模型

"自组织更新/可持续发展"

在乡村工作，需要认识到一种与习惯的自上而下的尽端式形态规划不同的认识视角和操作方法。乡村聚落，结构的本质特征是自组织，系统在内在机制作用下，自下而上的自我组织、自我调适，并趋向稳定。它不是去画一张静态的、尽端式结果的形态规划图，而是要理解并调动一系列关联网络，这些网络组织起乡村环境的整体"基底"，为建筑、基础设施、开放空间、自然系统提供共存、交织和发展的结构，并容纳甚至策动动态的过程和事件。所以，在乡村学习工作的过程中，最重要的部分便是掌握这种自组织机制与建筑设计的适配性，找到与之相应的视角、技艺与方法。

际村是一座毗邻宏村的古老村庄，古代徽州官道穿过其中，历史上是服务于宏村氏族的附属聚居地。当宏村成为世界文化遗产后，整个经济产业转向旅游服务业，际村也重新承担配套服务的功能。

| 际村与宏村的基底

东南大学建筑学院两次联合教学都以际村为对象开展。师生共同探讨、研究影响这个村庄发展走向的机制，既有乡村形态中街巷网络、院落住宅的形成因素，以及各地块之间相互影响的关系。在这个过程中，师生的研究、规划设计的对象不再是静态图形，计算分析和生成设计开始发挥作用。

在这两次联合教学中，我们尝试将计算机的计算分析方法用于规划设计，利用算法进行地块的选择与拼合，并给出相应的理由。当我们将目标地块的各类限制条件及影响因素赋值输入计算机中，算法系统可以迅速生成相应业态及街巷引导下的地块划分，并根据徽州民居特点自动生成相应形态，这是一个完全不同以前的规划方式及结果，我们认为这是一项可持续性的工作。

"在地实践/国际视野"

"在地实践"是这个系列教程的主要教学方式，也是实践的核心目标。在地实践包含了多样的内容，从走进乡村地头的田野调查，到实物对象的实地测绘；从乡土材料的材性和构造研究，到设计落地和实地建造。总体而言，需要达成近距离观察、体验式操作和社会性反思的教学理念与目标。

脚踏实地，仰望星空，这样的在地实践放置在跨文化的国际视野中去观察、理解和批判，为在地实践搭建国际化的教研合作机制，并尽量在高规格的国际性平台上展示和交流成果。

2019年，东南大学联合威尼斯建筑大学、华中科技大学及重庆大学，国际四校研究生联合开展题为"两河口：土家盐道古村的再生"的研学活动，中外师生吃住在两河口中心小学，进行了为期10天的现场测绘和调研，探讨衰败凋敝的盐道古村如何在即将到来的旅游业发展中获得再生契机，同时避免即时性和浅表性的消费对当地仍具生命力的文化遗产可能产生的磨蚀。相关教学成果在威尼斯建筑大学进行答辩交流，并做了一个小型的展览。2021年，联合研学的延伸成果"两河口：一个土家会聚之地的再生"，被第17届威尼斯建筑双年展确定为15个官方平行展单元之一。

| 赴威尼斯参展 | 威尼斯双年展官方平行展：两河口 |

"社区复兴/乡村再造"

最后一对关键词，更多讨论的是社会学话题。乡村实践的一个危险就是"他者的隔离"，这个系列教程的主体学生绝大部分都是城里娃，很多都是第一次走入农村。消除"他者"的身份，是要在观念上解决，而不是通过相机的镜头去看农村。住进去，多住几天，身体力行，"卷起裤腿下田去"，才能认识乡村社会的问题，理解当地人的需要，才能发现村庄自身发展的经脉，去建农民需要的房子。

2017—2018学年，东南大学建筑学院研究生设计课程的主题为"井冈山大仓村乡村复兴与公共空间再生"。参与课程的12名研究生同学，多次前往大仓村现场调研、驻场设计，课程延续到工程实践阶段，参与到施工现场服务中。课程教学成果直接转化为大仓村乡村振兴建设项目，建成后投入使用，改变了这个村庄单一农业生产模式，吸引外来访客参观学习，复兴村庄公共生活，使得大仓村迅速摆脱了贫困状态，人均收入将近翻倍，成为江西省乡村振兴示范点。在参与教学实践中，同学们被大仓村特有的历史脉搏触动，探访烈士后代，了解革命事迹，与当地干部群众同甘苦、共实践，在实地工作和学习中深刻理解中国革命的道路选择，也亲身见证了专业所学如何成为唤醒乡村的力量。

绿色建筑发展可以追溯到20世纪下半叶，当时提出了生态建筑的概念，后续又经过节能建筑、绿色建筑，现在又提出了低碳、零碳建筑，整个发展过程中，不同名词、概念所指的对象范围，包含的技术方法，要达成的目标是在不断演化的。

绿色建筑的评价标准从"四节一环保"到"节约、安全、舒适、宜居、便利"，在不断发展中形成了一个优质、可持续发展的环境综合治理体系。

| 风荷廊桥

| 大仓讲习所

如今，我们谈论的"双碳"目标下的低碳-零碳建筑与绿色建筑是交叠的，它以碳排放控制为目标导向。从狭义理解，其指标衡量聚焦、具体。但是，当我们认识到碳排放是地球表面在一段时间内向大气环境排放的温室气体总量，那么，碳排放控制下对建筑的评价、认识便将建筑的发展置于前所未有的时间跨度和产业协同中。

在时间维度上，低碳建筑的概念涵盖建筑全生命周期，包括了从项目策划到规划设计、材料制备、现场建造、运行维护、更新改造和拆除再利用等。在行业跨度上，低碳建筑的建造、维护离不开各行业协同，能源、电力、材料、交通运输、社会组织管理和生活方式等都是低碳人居环境营造的重要内容。所以，光计算建筑本身的碳排放是不完整的，意义也有限，而应该将其引导到一个关联网络中去观察，并从产业协同的视角去研究。低碳建筑不是孤立的行业评价体系，而是一个社会普遍认同的协同成果，在这些协同中流动的是信息和数据。所以，信息技术的迅猛发展不仅会对多维协同提供支撑，更重要的是，它必然会改变建筑行业的业态、建造形态和性能发展。

未来绿色建筑的发展中不可抵抗的趋势在于智慧性。建造房屋的是数据，而不再是砖瓦。就像如今的智能汽车，已然是一个移动的智能通信终端，未来，我们的房屋也必然成为社会数据化网络的终端。大数据技术使得建筑的所有运行过程和技术系统都有可能被协同在一个平台中，去寻求达成目标的最优化路径。人工智能使得静态的房屋可以与人产生更多的交互，人的舒适程度、健康状况都能够得到关照、监测，产生出一种前所未有的人-机-环境协调共生的结构，这样的结构也能够对能源进行最优化的使用，最高效地实现与自然环境的融合。我想这就是绿色建筑的未来，而这样的未来很快就会到来！

（采访于 2022 年 5 月）

张彤大师团队部分项目简介

■ 海昏侯国遗址博物馆

　　南昌汉代海昏侯国遗址博物馆位于江西省南昌市新建区大塘坪乡，总建筑面积39300平方米，作为当代中国最重要的考古发现之一，海昏侯国遗址及其出土文物引起国内外广泛关注。该博物馆的建设，用于对其进行专题陈列与研究，并开展交流。

　　遗址博物馆综合容纳了展示陈列、文化交流、文物库藏、研究保护、考古研究基地、管理服务及后勤保障七大功能板块的完备功能，配备先进的馆藏、研究、保护文物的技术手段与设备设施。

　　在形态设计、环境营造等方面，遵守保护遗址所在环境的真实性与完整性原则，与鄱阳湖西岸地形地貌充分结合，遵循"整体保护""最小干预"原则，在地形的脉络中生成低伏的体形，并借鉴海昏侯国遗址出土文物的艺术特征，塑造低

| 海昏侯国遗址博物馆

伏、蜿蜒、遒劲的建筑形态，并使之成为遗址所在地大地景观的有机组成。同时，倡导"空间调节"的被动式策略，利用建筑形体设计与空间组织引导博物馆公共空间的自然通风与天然采光，实现被动式环境调控，并使之与机电系统及主动式技术相结合，探索设计主导和性能导向的绿色建筑发展路径。

■ 海昏侯国遗址公园展示服务中心

海昏侯国遗址公园展示服务中心采用墓葬考古发现的象征王侯身份的玉瑗和用于礼天的玉璧为造型意向，通过"瑗璧礼天"的形态，在遗址公园的入口向天地四方昭示"王之场域"的开始。环形的建筑平面以流转的流线串联多种服务功能；圆润通透的"玉环"，架设于沟通遗址公园内外水系的叠水流瀑之上，在遗址公园整体风土环境的水口，以环扣形态彰显标志性与枢纽功能。展示服务中心内外两圈外墙均采用单元式幕墙，以60°角几何格网确立基本模度，统一主体钢结构与幕墙分格。高度集成的单元式幕墙不仅综合实现围护、防水、保温、防火、抗风等多种性能，其GRC内外表面直接完成装饰效果并合成泛光照明；不仅如此，幕墙模块同时集成了外墙沿线灯光照明、疏散指示、电源接插、消防扑救多种机电设备终端，探索建筑、装修、机电一体化集成装配施工的高效路径。

| 海昏侯国遗址公园展示服务中心

■ 中国历史研究院（原中国国学中心）

中国历史研究院位于北京市奥林匹克公园中心区，总用地面积35721平方米，总建筑面积81362平方米。

项目致力于系统研究中国传统建筑的营造智慧及其现实合理性，结合当今社会发展的理念与需求，运用科技发展的最新成就，探索中国建筑文化传承、转化和创新的理论建构和实践路径。通过形态构成和空间组织，以被动式的方式实现环境调控，更多地通过建造本身而非主动耗能设备实现室内环境质量的提升。

| 中国历史研究院

■ 南京三宝科技集团物联网工程中心

南京三宝科技集团超高频RFID电子标签产业化应用项目物联网工程中心，位于紫金山东麓马群工业园区，是三宝科技园二期建设项目。项目总用地面积24600平方米，总建筑面积21272平方米，为6层钢筋混凝土框架结构。

项目作为三宝科技园区一期建设的扩展与增建，是对园区及周边碎片化空间环境的修补、改造与整合。设计实践采用后锋性的弥补策略，称为"后城市化空间织补"，在迅猛粗糙的量化城市化造成的无序、破碎的新城肌理中，以谨慎的技术态度和能力，发现并建立肌理结构，织补断裂的空间环境，连接历史的印记与未来的发展。具体表现在空间织补与材质织补两个方面。

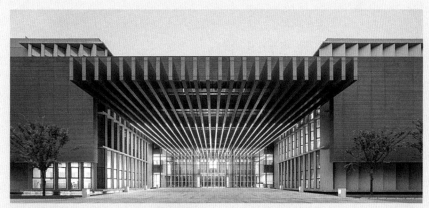

| 南京三宝科技集团

■ 中国普天信息产业

中国普天信息产业上海工业园总部科研楼位于上海市奉贤区，总建筑面积4369平方米，是普天上海工业园A1（含A2）地块一期工程的组成项目。

项目旨在集成与优化体现可持续性原则的绿色建筑设计策略与技术设备，开展建筑环境控制智能化系统的研发与产业化实验，创建我国夏热冬冷地区绿色建筑的示范工程。该项目曾入选2011年UIA东京大会中国国家馆展"中国建筑：前进的足迹"、2014年UIA德班大会中国国家馆展"全球化进程中的当代中国建筑"等。

| 中国普天信息产业上海工业园

以设计自觉为抓手，
积极应对碳减排

马晓东
江苏省设计大师
东南大学建筑设计研究院有限公司
总建筑师
国际绿色建筑联盟技术委员会专家

注重将建筑设计实践与理论研究有机结合，注重建筑与环境、地域和文化的紧密联系，注重建造技术的创新性与适宜性的设计表达。主持和参与完成"南京国展中心"等建筑工程设计150余项，获国家、住房和城乡建设部、教育部和江苏省优秀工程设计奖、中国建筑学会建筑创作奖40余项，参与编制国家与地方标准多项，发表学术论文多篇。

在绿色建筑的设计中强调"设计自觉"是指注重在建筑师引领下的、各专业主动地进行绿色设计的意识和行为。我国绿色建筑发展的早期阶段表现为"政策推动、咨询主导、设计被动"的总体特征。而当下，我国正处于绿色建筑高质量发展时期，则呈现出"政策引导、市场驱动、设计主导"的不同特征。"设计自觉"理念源于我多年的建筑设计实践。在此，可以用三个代表了不同"自觉"类型的项目为例。

首先是"业主自觉"。2005年，我国绿色建筑发展正处于探索起步阶段，设计师对于绿色建筑的理解尚显懵懂。苏源大厦（苏源集团有限公司总部办公楼）业主方主动提出"建筑造型让步于建筑节能"的设计要求，对电力企业而言，业主这一想法在当时较为先锋，对建筑师的震动也很大。2009年，苏源大厦项目荣获首届江苏省绿色建筑创新奖。

| 苏源大厦

其次是"建筑师自觉"。2008年，在镇江丹徒高新园区信息中心设计与建设过程中，业主并没有明确的绿色建筑目标与节能要求，但建筑师主动作为，基于气候适应性、场地环境，进行功能及空间形态的适应性设计。在不提高造价和施工难度的情况下同时实现节能环保与建筑标志性；在保障建筑内部空间适宜舒适度与健康标准的前提下，减少空调能耗。

| 镇江丹徒高新园区信息中心

| 江苏绿色建筑生态智慧城区展示馆鸟瞰

　　最后则是业主和建筑师的"共同自觉"。2012年底设计的江苏省绿色建筑与生态智慧城区展示馆就是这样一个项目，从业主方到设计方都坚持绿色建筑理念。项目既是我省绿色建筑与生态智慧城区建设历程和成果的展示馆，也是住房和城乡建设部绿色建筑和生态智慧城市展示教育基地，具有临时建筑、绿色建筑、快速设计、快速建造四个特点。项目绿色设计立足于对绿色建筑全寿命周期的思考，兼顾了展示馆"绿色技术"的先进性、示范性与实用性。设计采用工业化装配式钢结构，以伞状单元组合建筑空间形态，满足了建设周期短、快速建造的要求。未来，伞状单元可以作为

景观亭榭小品，在新城区绿地公园及广场等地方重建利用，进一步达到绿色低碳的目标。建筑师在设计过程中着重关注合理、紧凑型空间布局，充分引入自然通风与采光，实现了绿色技术示范性与实用性之间的平衡。

这三种"自觉"的实践经历，从一个侧面反映了我国绿色建筑在持续不断发展的同时，全社会对绿色建筑的认知与设计水平也在不断提高。

"设计自觉"需要建筑师对绿色建筑与绿色设计内涵与本质有准确的认知。绿色建筑起源于国际上的能源危机、气候变化与生态危机，与节能减排密切相关。在"可持续发展"共同理念之下，绿色建筑已成为世界建筑发展的方向。绿色低碳建筑设计不仅是一个具体的设计任务，而且是一个设计观点与要求的系统性集成。维特鲁威提出了"坚固、实用、美观"的三项基本原则，我国过去传统的建筑方针是"适用、经济、可能条件下注意美观"与之本意一致；新时期建设方针将其调整为"适用、经济、绿色、美观"。新版《绿色建筑评价标准》GB/T 50378—2019提出的安全耐久、健康舒适、生活便利、资源节约和环境宜居等"绿色性能"，与建筑三要素存在天然的联系。由此可见，绿色性能中的许多要求原本就是最基本的建筑性能要求。所谓绿色建筑的五项"绿色性能"可以理解为广义的，或者是新增的"建筑性能"，以绿色性能为导向的相关设计任务仅是各项建筑性能的集合。因此，绿色建筑的设计本质上可以归结为建筑的绿色性能的设计。与常规设计其实并无本质差异，均应在设计中满足各项建筑性能要求，达到包含绿色建筑设计目标在内的建筑整体目标。绿色建筑相关内涵及概念丰富，政策、理念、技术问题高度融合。基于全寿命周期，结合地域气候特征，综合考量建筑绿色性能，展现多要素、多维度的复杂性。过去的十几年中，我国绿色建筑发展的成绩显著，但行业内却存在两个明显问题，一是绿色建筑设计不是源于建筑设计初始的构想，而是注重后期表面技术的应用，从而形成技术的"堆砌"，存在大量的"标签式"绿色建筑；二是设计人员尤其是建筑师缺少绿色设计的主动意识，并未将建筑的绿色设计视为本专业的职责，潜意识中还认为那是绿色建筑咨询机构的任务。行业问题的根本原因在于缺乏对绿色建筑本质的认识，缺乏建筑本体的主动思考，因此，我们需要重新认识绿色建筑的设计内涵，回归建筑本原以及设计本原。

当前，城市更新、既有建筑改造越来越成为建筑领域的重点工作，这也和广大人民群众对居住生活品质要求的提升息息相关。在这些项目的设计过程中，设计师需要善于利用现有条件，既能够提升整体空间环境品质，又能够以较小代价体现绿色低碳，并达到历史与文化的传承与创新。

吉兆营清真寺是南京城北唯一的一座清真寺，是中国回族传统院落式清真寺的一个常见普通样本。为改善城市地段环境品质，并延续建筑使用功能，政府要求在原址对其进行翻新重建。

在城市更新背景下，新寺总体布局突破了退让与密度的通常规定，采取因地制宜的策略：建筑密度下小上大，底层核心架空，分散布局，解决场地宗教活动集中人流及功能组织。上部保留原有边界形态，结构基础落放退让用地控制线。整体形态缝补了城市"碎片"，融入城市地段环境。

新寺将传统清真寺中水平组织的院落进行竖向叠加，以组织各功能空间。各层功能用房均配置大小院落和敞厅，既满足自然通风又提供了多样空间场所，由此构成层次丰富的叠加院落系统，体现了传统院落空间意向。设计强调旧物新用，新旧结合。恰当地保护和合理地利用老建筑圣龛、寺名、老井等重要遗存物件和砖、石、青瓦等老材料，并与玻璃、钢

| 吉兆营清真寺

材等新材料进行有机组织与融合。设计汲取了传统建筑的绿色智慧，并以本土化的设计语言延续了历史的记忆，展现了伊斯兰文化与中国江南地域文化的有机结合。

绿色低碳转型是全球性主题和未来竞争高地，"双碳"是中国对世界的承诺，是国家发展重大战略决策。包括建筑行业在内的各行各业及人的行为生活方式均将受到影响。在我看来，有三个方面需要重点关注并调整。

一是充实理论体系。业界、学界需要充分探索建筑全寿命周期内建筑碳排放的科学原理、机制，厘清低碳建筑与节能建筑、绿色建筑等概念之间的差异性与关联性，研究提出低碳导向的系统性设计策略与方法。

二是优化方法工具。在绿色设计基础上，更新与提升助力设计实践的低碳相关设计方法，以及能够适应不同设计阶段的碳排放计算工具，完成从定性到定量的转变，帮助设计师了解各阶段减碳成效。

三是提升标准规范。我国低碳发展起步晚、速度快，目前试行的相关绿色低碳建筑的标准规范与实际需求还有较大的差距，尚缺乏统一的减碳标准，建筑材料碳排放因子数据库还相对粗略，需进一步地细化提升。这是一条艰辛的道路，需要我们从业人员共同的努力。

节能减碳的发展之路是不以个人意志为转移的。面对这一大背景，建筑师等设计人员应当积极适应调整，由政策引导转向设计自觉，主动思考"双碳、低碳"究竟"是什么""为什么"，以及"如何做"。

想要探寻未来建筑的发展方向，我们不妨先分析《绿色建筑评价标准》新老版本"绿色建筑"的定义变化：原定义关注"自然与建筑"两者的关系；新定义更加突出强调"人"与"建筑、自然"的和谐共生关系。我个人认为，与过去强调建筑与自然的关系相比，未来的绿色低碳建筑应该更加强调人、建筑、自然的和谐统一，为人们打造可持续的宜居环境，真正实现新版标准提出的"最大限度地实现人与自然和谐共生的高质量建筑"。

（采访于2022年6月）

马晓东大师团队部分项目简介

■ 上饶龙潭湖宾馆

依托自然山水资源的宾馆建筑设计普遍面临资源与需求、保护与再造两个关键问题。龙潭湖宾馆设计结合场地条件，基于生态保护开展了适建用地分析，探讨在此前提下的景观组织与再造策略。设计进行了自然地貌形态的保护与重塑，以及宜居、宜观的功能空间组织，并运用红砂岩材质表达了建筑的地域特色。通过景观环境的利用和再造达到尊重自然、品质提升的设计目标。

| 上饶龙潭湖宾馆

■ 幼儿园研究

学前教育是国家确立的基本教育制度之一，是终身学习的开端，是国民教育体系的重要组成部分，是重要的社会公益事业。学前教育对幼儿身心健康、习惯养成、智力发展具有重要意义。幼儿园设计是UAL城市建筑工作室教育建筑研究和实践领域的重要组成部分。近年来，不仅完成了如东县县级机关幼儿园、灾后援建绵竹幼儿园等优秀设计作品，也承担了《幼儿园建设标准》《幼儿园标准设计样图》《建筑设计资料集》（幼儿园章节）等技术标准和资料集的编制工作。

| 如东县县级机关幼儿园

做精品建筑，
为激变的中国而设计

何镜堂

中国工程院院士
华南理工大学建筑学院名誉院长、
教授
华南理工大学建筑设计研究院首席
总建筑师
国际绿色建筑联盟咨询委员会专家

长期从事建筑设计、教学和研究工作，创立"两观三性"建筑理论，坚持原创创作，坚持精品创作，坚持产、学、研结合，尤善文化建筑、博览建筑、教育建筑与校园规划设计，主持设计上海世博会中国馆、侵华日军南京大屠杀遇难同胞纪念馆扩建工程（国家公祭主场所）、反法西斯战争胜利纪念馆、侵华日军第七三一部队罪证陈列馆、"5·12"汶川特大地震映秀震中纪念馆、钱学森纪念馆、澳门大学横琴新校区等一大批具有国际影响力的标志性建筑。他及团队多次在国际建筑设计竞赛中中标，打破了标志建筑设计由境外建筑师垄断的局面，为社会和行业发展作出重大贡献。

我常常和我的学生说，凡是轰动的建筑，必然有轰动的声音，这也印证了我一直以来"做百个作品，不如做一个精品"的坚持。

——何镜堂

建筑师有两大责任：一是职业责任，即设计、建造不同性能的房子，满足使用者的需求；二是历史责任，通过建筑来表现时代、记录时代。事实上，以建筑记录重大事件是世界通用的方式，无论是古代遗存的教堂，还是庄严深沉的纪念馆，都是历史的见证与记录。当人们回顾历史重大事件时，映入脑海的第一印象往往也是当时的标志性建筑，就比如中国馆之于上海世博会，鸟巢之于2008年奥运会一样。

建筑一旦落成，若想修改调整便需付出巨大的物质代价。因此，建筑师应时刻牢记"做一百个作品，不如做一个精品"理念，致力为人们打造高品质工作、生活空间。一座好的建筑，不仅要满足经济、合理、安全的基本要求，还应当是好看的、有文化的。建筑最高的层次是文化，文化是建筑的灵魂，更是城市的灵魂。

当我们评价一个建筑时，由于审美、立场、背景等的不同，观点时常见仁见智。可以说，没有一百分的、唯一的、绝对正确的建筑。一栋建筑的好坏，最直观的体现应当是使用者的反应。

当然，建筑设计并不是无章可循的，我在长期的创作实践过程中，总结出"两观三性"的建筑创作理念，即建筑要有整体观和可持续发展观，建筑创作要体现地域性、文化性、时代性的和谐统一。广东地处亚热季风区，雨热同期、全年高温。因此，地处广东的建筑应当着重解决遮阳、隔热、通风及防潮问题。相比之下，北京冬季寒冷、夏无酷暑，气候干爽，但春秋季节风沙大。在建筑设计过程中，应当注意建筑的保温性能，必要时需要添加相关设备，以提高使用者的舒适度。中国传统建筑以木构为主，西方建筑则大多以石材为基本建造材料。材料不同，也就带来了中西方建筑结构的不同。一个精品的建筑设计，应当实现地域性、文化性、时代性的有机融合，这需要设计师充分统筹协调地域文化与当代审美、现代科学技术之间的关系。

坚持设计精品，不仅要求建筑师拥有优秀的专业能力，同时要求设计师始终保持追求更高境界的热情。建筑不同于艺术，它是技术和艺术、物质和精神的融合。钱学森先生说过，建筑是艺术的科学，科学的艺术。艺术为建筑设计带来魅力，也带来了很多不确定的影响因素。精品建筑应当既有技术又有艺术，既有物质又有精神，既有科学又有文化，实现民众满意、生活便捷、技术先进、绿色自然的多维度协调。

这里，我想介绍两个作品：一是上海世博会中国馆，二是侵华日军南京大屠杀遇难同胞纪念馆。

2007年，上海世博会组委会向全球华人公开征集中国馆设计方案。我决定参加竞选，并定下了"中国特色、时代精神"的设计基调。中国馆的设计不同于某座学校甚至某个城市的设计，我们面对的甲方是全体中国人民，压力巨大。

那么，我们要怎么为深沉厚重、源远流长的中国历史找出一种具体的标志物，响应正在升腾的民族自信呢？图书馆里卷帙浩繁的典籍，记录了中华上下五千年在建筑、文学、艺术各方面取得的种种成就。但是，中国馆只有一个，想要将这么多文化精华融合在一座建筑上是非常难的。

我们决定从两个角度来构思中国馆：首先是展现中华形象，通过纹样、装饰、颜色等意向，让参观世博会的中外游客能一眼感知，这栋建筑是属于中国的；其次是彰显民族崛起，上海世博会的成功申请与举办，是中国走向富强一个标志，也是我们民族复兴的象征。因此，我们从象征胜利的青铜器中获取灵感，整合为"中国器"主题；抽取中国传统城市

| 上海世博会中国馆

"九宫格"布局、建筑构架结构系统、古典园林体系等特征元素进行艺术处理，最终确定"东方之冠"的建筑造型。

中国馆建筑面积为16万平方米，是上海世博会场馆中面积最大的场馆，仅屋顶平台面积便有2.5个足球场那么大，底部架空，层层悬挑，建筑高度将近70米。上海整座城市的基调都以浅色为主，我们在设计时最担心的就是大众对这样大体量红色的接受程度，但如果改选浅灰、淡黄或白色等更为保险的颜色，又偏离了"中国特色"的设计初衷。因此，我们团队还是坚持选用中国红，传达大国气度。

由于建筑本身体型庞大，四面的光照随时变化。那么用哪种材料、哪种红色才能确保在不同的外部条件下都能达到赏心悦目的效果？我们整个团队都很忐忑，因此决定通过实验选材。当时，我们请施工方做了23块一比一不同材料的样板挂在中国馆上，供专家们反复讨论和选择。最后我们发现，唯有金属板可以保持住红的本色，同时，金属材质的施工也更为便捷、安全。

随之而来的问题就是，红色可以细分为成千上万种不同的颜色，应当如何甄别取舍？外墙的肌理细节又该如何抉择？我们从灯芯绒材质获取肌理设计灵感，保持建筑的整体造型效果，通过实验决定肌理间退让的宽度与深度。

最终落成的中国馆其实是由7种红色组合而成的，我们邀请了中国美术学院的多位专家共同加工制作单位配置样板，并反复测试，通过在白昼不同光线折射、夜间灯光和不同视觉高度、不同位置条件下的红色效果

| 上海世博会中国馆鸟瞰图

| 上海世博会中国馆外墙肌理

比选，最终形成了包括中国馆外部四种、内部三种这样由七种红色组成的"中国红"，以保证建筑外观在不同条件下形成统一的，具有沉稳、经典视觉效果的红色。

为了充分表达南京大屠杀遇难同胞纪念馆的场所精神，我们选用粗犷的石头来体现那段历史的深沉，增强建筑的感染力，给人精神上的触动。考虑到石材在不同的室外环境下表现出不同的状态，我们针对石材颜色的深浅、纹理的纹样、大小、厚度等内容进行了详细的研究对比，确保石材粗砺外表所带来的悲怆感。

在建筑场所营造方面，设计团队切实遵循因地制宜的设计理念。纪念馆坐落在两条交叉主干道中间，地块狭长，我们把它设计成立体式的斜角状，就像一把折断的军刀斜插在大地上。在解决纪念馆部分用地问题的同时，从整体上让参观者感受到历史的悲壮和战争的残酷。斜坡面的台阶式构造，像阶梯教室一样给参观的

| 上海世博会中国馆细部构件

群体以好的观感，同时还可以隔绝外面喧嚣的道路环境，构筑场所感，创造出令人震撼的环境。地下的冥思厅通体采用黑色光面石材，烛光在镜面墙的相互映射下无限延伸，寄托哀思；和平公园利用草坡、乔木、水体，打造了一个宁静的开敞空间，逐渐舒展的景观表达对和平的向往。在情感表达方面，胜利广场以柔和的建筑线条，搭配大面积的绿化空间，展现了和而不同的方案定位，强调了胜利的喜悦，传递了人类和平圆满的愿景。胜利广场与纪念馆其他场所融为一体，给人带来了强烈的场所震撼，展现了纪念馆"不忘历史，以史为鉴，开创未来，珍爱和平"的情感主题。

| 南京大屠杀遇难同胞纪念馆表皮材质

我们每设计一个项目，都会为其找到自身的"定位"，即建筑的场所精神，以强化建筑本身的特质和对人的精神上的感受。比如南京大屠杀遇难同胞纪念馆意在希望人们"不忘历史，珍爱和平"；中国馆重在展示中国特色的时代精神；钱学森图书馆则主要彰显钱老"大地情怀、石破天惊"的爱国科研精神；"5·12"汶川特大地震映秀震中纪念馆强调的是"从记忆到希望"，在平和、理性中将人的思绪引向深远……在此基础上，我鼓励团队充分打开思路，可以天马行空地做方案。

几十年来，我们的团队一直在朝着"精品建筑"的方向努力。为庆祝中国建筑学会成立，中国建筑学会于2019年举行了建筑创作大奖（2009—2019）的评选，100项获奖作品中，有14项作品由我们团队组织设计，加上2009年评选的中华人民共和国成立60周年建筑创作大奖里的13项获奖，我们共有27项作品获此奖项。这是对我们的建筑设计思路、方法的一种肯定，更是一种鼓舞。

| 南京大屠杀遇难同胞纪念馆

　　在实践过程中，我也逐渐摸索总结出了两个"三结合"。其一是产、学、研的"三结合"，设计、教学和研究要结合在一起，这是培养人才、促进建筑行业发展的重要手段；其二则是理念、人才与团队的"三结合"，坚持探索建筑创新理论，培养创新人才，建设创新团队，走有文化自信同时具有国际视野的中国特色建筑创新道路。

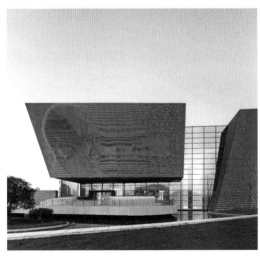

| 钱学森图书馆　　　　　　　| 5·12汶川特大地震纪念馆

| 作品展现场

从2006年开始，以意大利威尼斯建筑大学为首站，我们团队举办了"地域性、文化性、时代性——为激变的中国而设计"作品展，到目前为止，已在上海、北京、哈尔滨、成都、广州及美国加州等地进行过展览，我们的创作理念和成果也得到了广泛的认可。

1999年，我当选为中国工程院院士，这对我来说，是又一个新的开始。当时恰逢我国大学校园规划设计的大发展时期，我和团队中标了浙江大学紫金港校区的规划设计项目，也正式开启了团队开展校园规划设计的研究之路。

老一辈的大学生受时代精神和整体环境的影响，多成长为专业能力优秀、工作态度严谨的建设型人才，在创新能力和环境适应性方面与当今略有不同。随着时代的发展，当代高校越发注重为社会输送复合型的创新

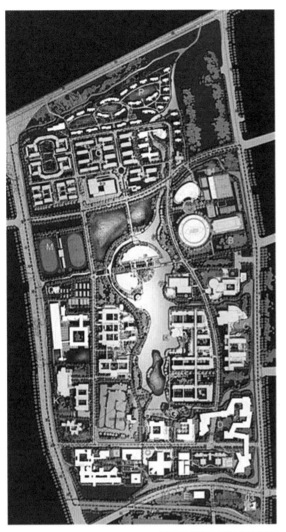

| 浙江大学紫金港校区平面图

人才，学生的创新能力和独立思考能力成为培养的重点。

想要培养这样综合能力较强的人才，学生们的学习环境便不可仅局限于教室课堂，要充分利用校园里的其他活动空间，促进不同学科、不同年龄学生之间的聊天交往，形成知识碰撞，激发创新思维。所以，在校园规划设计中，"环境语言"是非常重要的，既要营造一个舒适的学习生活环境，也要展现我们的文化自信，同时更要与国际接轨。所以我认为，校园规划设计要注重以下三点：国际视野、中国风范、地域特色。

环境语言的这个概念，几乎融入到了我们所有的校园规划设计项目中，比如澳门大学横琴校区，此项目以岭南水乡的岛屿式生态景观环境为依托，通过大量的建筑架空，强调了建筑与景观的互动。校园的建造规划通过独特的书院式布局，每个书院都设置有学生活动场所、饭堂和宿舍，书院通过兴趣喜好来组织学生，不通过专业、年级划分，学生除了在上课时按照专业进行划分，平时各个年级、不同专业具有共同爱好的学生，便会在一个书院里交流生活，书院院长平时都住在书院，为学生组织不同的兴趣活动。

我们设计了立体化的步行连廊系统连接各书院，建筑外部与校园景观水轴、湖面、绿化的大环境相互渗透，形成了较为完整的建筑与景观生态系统。校园的建筑风格也独具文化特色，我们结合岭南地区的气候特点，将南欧风情与岭南风格融合，利用岭南建筑在建筑群落上高低错落的组合方式，借鉴南欧建筑源自古典美学的形体表现手法，与自然环境紧密结合，展现了历史的厚重与深度，也强调了建筑空间的灵活多样、活泼自由。

1
—
2 │ 3

1. 澳门大学横琴校区鸟
   瞰全景图
2. 澳门大学中央教学楼
   公共走廊
3. 澳门大学图书馆细部

在学校图书馆的设计中，也借鉴了葡萄牙色彩丰富的建筑装饰特色，充分体现对校园传统建筑文脉的尊重与传承。项目是澳门第一个三星级绿色建筑。这个项目充分体现了国际视野、中国特征和地域文化的融合。

（采访于2022年7月）

何镜堂院士团队部分成果展示

■ 钱学森图书馆

钱学森图书馆位于上海交通大学徐汇校区，建筑形体以"方正的石头"寓意钱学森心系祖国大地的赤子情怀。方案采用抽象的手法，以代表方正平直的方形建筑体量，以下小上大简洁有力的形象出现，是他贡献了一生的戈壁滩风蚀岩意象的抽象表达。以"裂开的石头"之中迸发出东二甲火箭的建筑空间场景，寓意钱学森"两弹一星"的"石破天惊"伟大事业。

设计采用基本几何形——方形作为母题，顺应基地的实际情况，依据功能与空间的设计需要，灵活地生成平台伸展、方形体量的总体布局。"石头"立面的肌理呈现钱老的亲切形象，犹如深情地注视着东二甲，呼应了纪念人物的主题。建筑外墙以红灰色为主调，延续了百年徐汇校区的建筑历史文脉。

| 钱学森图书馆

■ 中国（海南）南海博物馆

中国（海南）南海博物馆位于海南省琼海市潭门镇，是以海洋和南海文化为主题的大型国家级公益性文化设施，是体验南海文化、海南文化与海洋文化的现代博物馆与"一带一路"会展场地。

设计力求地域性、文化性与时代性的和谐统一。从船屋发展而来的建筑形态，在通风、遮阳、隔热等绿色生态节能方面具有较为突出的优势。从建筑体型、室外景观、通风廊道、立面遮阳等多层面进行优化，满足海南的气候适应性要求，达到节能的目的。

契合场地形成南北长、东西窄、面向水面微微弯曲的狭长建筑体量，保留横贯基地内的红树林河道，将整体建筑分为南北二区，通过空中平台和屋顶连接为一体。南区为博物馆主体，北区为可服务于"一带一路"的会展平台。

| 中国（海南）南海博物馆

■ 广州市城市规划展览中心

　　作为了解广州的地标性建筑，广州市城市规划展览中心以最简洁的形态摆脱风格和形式的束缚，通过时代性、文化性、地域性的表达，营建根植于场地、传承于岭南的新建筑；通过消隐建筑边界，引入外部景观，内部空间向城市打开，达到建筑、山、水、城的相互延展，实现与城市、山水紧密互动的空间游历；通过运用大尺度出挑与悬挂，为市民提供可自由进入的全天候城市客厅；细密的表皮肌理，创造柔和的室内漫射光，营造愉悦的游览体验；通过底层气流通道、南部景观水体、屋顶花园、建筑表皮等，对岭南建筑被动式节能措施进行时代性重新演绎。

| 广州市城市规划展览中心

■ 大厂民族宫

大厂回族自治县是邻近北京的一个穆斯林族群聚居地。当地政府为了复兴穆斯林族群的伊斯兰文化，提升文化生活品质，兴建大厂民族宫。它是一个文化综合体，包括剧场、展览、会议、社区中心等功能。

总体布局为蕴含着中国古代思想体系的"天圆地方"，建筑以传统的清真寺为原型，通过新的材料和技术，以微妙的方式来演绎清真寺的空间结构，四周环绕的拱券从下到上逐渐收分形成优雅的弧线。当整栋建筑倒影水中，弧形的花瓣形拱券更显清晰灵动，散发出优雅气质。建筑的穹顶不是简单复制伊斯兰的符号，而是一种抽象和转译。我们以一系列花瓣状的壳体构成穹顶，创造性地将内部空间变为半室外的屋顶花园。

| 大厂民族宫

坚持创新，
构建中国建筑话语体系

程泰宁
中国工程院院士
全国工程勘察设计大师
东南大学建筑设计与理论研究中心
主任、教授
筑境设计主持人
国际绿色建筑联盟咨询委员会专家

　　一直致力于中国建筑设计理论的研究，提出在中国哲学、美学的基础上，建构中国建筑理论的框架体系，实现中国建筑理论的创新性发展。曾出版《语言与境界》《程泰宁文集》《程泰宁——建筑院士访谈录》等著作；发表论文近百篇；主持设计国内外工程150余项，多项作品获得国家、省部级奖。曾荣获梁思成建筑奖、国际建筑师协会第20届大会当代中国建筑艺术展艺术创作成就奖等多项荣誉，他的作品集被国际知名出版机构收入"世界建筑大师系列"，也是第一位（目前也是唯一一位）被收入世界建筑大师系列的中国建筑师，亚洲协会官网称其为"当代中国建筑学领域的领军人物之一"。

建筑学应走出"理性的铁笼"，在科学与人文、个体与整体之间找到平衡。通过整体性的多维思考，进入一个融境界、意境、语言为一体的，诗与远方的新境界。

——程泰宁

| 采访现场

刘大威（国际绿色建筑联盟执行主席、江苏省人民政府参事室特聘专家、江苏省建筑与历史文化研究会会长）：当前，绿色低碳发展是城乡建设发展的主题。中华传统讲"天人合一"，请问您如何看待这一理念对当代绿色建筑的启发？

程泰宁："天人合一"等中国传统哲学理念对当代绿色建筑有着重要启发，而且这种启发更多地应该表现在理念层面而非技术层面。所谓"天人合一"，其实就是对"人-建筑-自然"之间关系的一种整体性思考。这样一种整体性思维对于今天的绿色建筑来说有着重要意义。这意味着，绿色技术不等于"绿色理念"，以消耗能源为代价开发所谓"新能源材料"更是不可取的。对于"技术"的片面强调，反而可能会割裂设计与技术的关系，使得目标与工具倒置，从而背离绿色建筑的初衷。而"天人合一"这样一些中国传统思想，可以帮助我们提升对于绿色建筑的整体性理解，调整技术与设计之间的关系，找到绿色建筑发展的正确方向。

刘大威：您提到的这种从"人-建筑-自然"的视角来看待绿色建筑的理念，的确具有很大的启发意义。那么，在具体的实践层面，您认为应当如何推动建筑行业的绿色发展？

程泰宁：在多年的建筑实践中，我发现，当下绿色建筑领域有一个很大的问题，就是缺乏行业整合，建筑设计单位、绿色建筑技术研发单位、材料制造企业等常常各干各的，相互之间缺乏理解与沟通。技术研发与产品制造常常不能很好地服务于需求，这就导致了在具体的建筑实践中，很多新能源材料由于色彩、质感效能以及安全等原因，在建筑上无法应用。我一直认为，需要以设计与应用为核心，加强设计、研发与生产之间的交流与整合，对绿色建筑的发展是非常重要的。

前段时间，我们团队所设计的杭州西站刚刚投入使用。当时，为了满足相关政策的要求，我们不得已将屋面20%的面积用以放置与建筑色彩很不协调的黑色太阳能板。虽然最后我们通过构图的设计基本化解了矛盾，但是我想，如果材料的研发和制造能够更好地了解设计与使用的需求，这种材料的应用范围就会更广泛。

实际上，建筑的建造与使用虽然消耗能源，但是建筑本身其实可以理解为一个能源发生器。对于杭州西站这样体量巨大的建筑，仅20%的屋顶面积用新能源材料，显然是不充分的。新能源材料要得到更广泛的应用，加强设计、研发与生产的深度沟通与合作是一个重要措施。

| 杭州西站鸟瞰图　　　　　　　　　　　| 杭州西站内部细节

刘大威：您关于整体性、系统性，及对绿色建筑发展方向的见解和主张，我认为对于建设行业绿色低碳发展具有重要的启迪和指导意义，您也一直在用您的建筑作品诠释着这些理念。

程泰宁：的确，我认为如果要真正推动绿色建筑的发展，我们的视野就一定要再开阔一点，通过跨学科、跨领域、跨行业的对话，多维度的探讨，更有效地推动绿色理念的整体落实。要实现这一点，我认为还是要回归以"自然"为核心的"绿色"理念，"科技为术、自然为道"，这是我的观点。

我这里说的"自然"并不是狭义上的自然界，而指的是世间万物的内在规律。对应到绿色建筑，就是要思考绿色科技发展的最终目标是什么？要认识到技术、产品只是一种工具、手段，顺应自然，实现可持续发展才是目的，这与中国文化中强调的"道"与"术"的关系有着相通之处。

刘大威：改革开放40多年以来，城市发展日新月异、变化巨大，但是也出现了许多崇洋媚外、文化地域性缺失等问题。想请教程院士，在城市发展和历史文化保护方面，您有哪些建议？

程泰宁：中国建筑深受西方建筑文化的影响。加拿大华裔学者梁鹤年先生就曾提到，国人百年来身处"被人同化而不自知"的状态。正是这种不自知的状态，导致了当下城市建设中的崇洋求怪等一系列问题。

近年来，国家一直在提"文化自信"。在我看来，文化自信有个非常重要的前提——文化自觉。著名学者乐黛云曾说，"中国文化更新的希望，就在于深入地了解西方文化的来龙去脉，并在此基础上重新认识自己"。重点在于"深入"和"重新"这几个字，我始终认为，中国文化有自己的内涵，这也是我主张"构建中国建筑文化学术体系"的原因，也在中国工程院申请了这个课题。我希望，有了自己的话语体系和价值取向，我们才能真正摆脱当下城市建设"价值判断失衡""跨文化对话失语"和"制度建设失范"的深层次问题。

同时我认为，除了理论思考，实践创新也同样重要。实践与理论向来是相互影响、相互成就的。

刘大威： 听了您讲的，我感触很深。城市更新已成为当前及未来的重点工作，国家倡导以绣花功夫开展城市更新，从细节着手，完善功能，提升活力，注重全龄友好，实现人居环境的改善和提升。

程泰宁： 确实如此，相比于大拆大建时期，城市更新着眼的内容更细致，如果离开"绣花精神""工匠精神"，相关工作也难以开展。小时候我曾听过一个故事，四川有位工匠发下宏愿，要在山间凿刻一座前无古人的大佛，自此之后的几十年间，石匠一直在为完成这一心愿而努力。直至佛像即将完工的那一天，村民们都来围观，石匠却因年事已高、心绪激动，手抖间将佛像的鼻子凿崩了一块，石匠随即大叫一声，饮恨跳崖。这是真正的匠人，面对自己一辈子的事业，连一点儿不完美都不能够接受。故事真假我们不去深究，但当时听了后深为这位石匠的精神所震动。这种善始善终、尽善尽美的做事理念，是我们文化传统中一直非常看重的，我希望我们的建筑设计也能重归这样一种工匠精神的传统。

刘大威： 今年高考招生期间，多家老牌建筑名校分数线爆冷，您怎么看这个问题？面对当前这样的大环境，请您对下一代青年建筑师以及整个绿色建筑领域的发展提一些建议。

程泰宁： 前两年，由于房地产开发过热，收入也比较高，所以导致专业过于热门。而到了现在，随着地产行业进入萧条期，年轻人从事土木、建筑行业的热情大为下降。这种过热和过冷都是不正常现象，我们应该冷静地看待当下的处境。从另一个角度来说，眼下建筑设计专业遇冷，也许也可以荡涤一些行业内浮躁、功利的风气与心态，留下一些真正对建筑有热情的人。对青年建筑师，我想说，当前的困难也许正好为我们提供了一个契机，有时间回归到建筑本身去思考一些深层次的问题。从另一个角度看，也是转变观念的一种机遇。

而在绿色建筑发展中，还是应当强调，要建立起绿色意识，不能把"绿色"孤立出来，而是要将其纳入"人-建筑-自然"的系统中去，整合到人的生活方式中去。绿色发展是这个世界的必然，我们，特别是新一代建筑师应该充分认识到这一发展趋势。

我们还需要进一步普及绿色低碳理念，特别是在教育过程中积极灌输绿色低碳发展理念，从中小学做起，从孩子们抓起，因为这确实是关乎人类存亡的大事。

刘大威：去年，联盟组织了青少年低碳科普教育活动项目，已开展了一系列活动，如开展竞赛，组织专家进校园、进课堂，开展低碳科普宣讲等，目的是引导青少年关注绿色建筑，培养绿色意识，养成低碳生活习惯，成为绿色低碳的支持与传播者，也凝聚全社会的绿色低碳共识，让大家都成为绿色低碳的践行者。这与您刚刚讲的不谋而合，也更加坚定了我们的信心。

感谢您的支持，谢谢院士。

（采访于2022年8月）

程泰宁院士团队部分成果展示

■ 徐州园博会宕口酒店

徐州园博会宕口酒店位于徐州铜山区园博园西南角的综合展馆区，场地内主要是采石开挖的宕口，地形起伏较大。宕口酒店远离城市中心，综合考虑酒店的度假性质定位，遵循"绿色、创新"的原则，结合建筑与宕口之间的联系，在最大程度利用山体景观资源的同时，为游客提供独特的入住体验。

| 徐州园博会宕口酒店

■ 南京美术馆

　　南京美术馆位于国家级江北新区商业核心区，北望老山，南眺长江，是江北地区青龙绿带上的一颗璀璨明珠。项目打破传统"艺术殿堂"的高冷形象，强调功能复合，加强美术馆的开放性，是当代文博类建筑的发展趋势。设计充分考虑这一特点，打造了一个能吸引广大市民充满活力的公共空间。设计中，美术馆距基座18米架空，最大限度地引入了自然山水与城市景观，建筑成为全方位对外开放的立体园林。这一立体园林与以水墨画为意象的中央大厅的彩釉玻璃外墙，准确地表达了美术馆的艺术形象，更体现了一种"中国调性"。

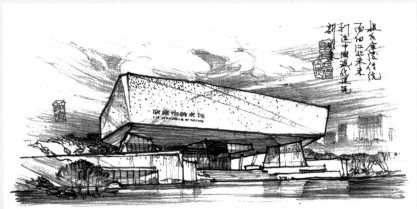

| 南京美术馆

■ 南京博物院

南京博物院位于中山门内，背倚紫金山，东邻古城墙。梁思成、杨廷宝、刘敦桢及徐敬直等中国老一代建筑大师先后主持或参与过项目的设计建设，建筑可称"经典"，另外，它也承载着城市的历史记忆。程泰宁院士团队怀着尊重与敬畏之心，将新馆创作视为"南博"历史传统的延续。因此，改扩建方案的设计理念是：补白、整合、新构。

"老大殿"经严密测算后，原地抬升3米，在不影响建筑与紫金山山体轮廓线的同时，改善了原建筑低于城市道路的不利现状，同时减少了地下空间大面积的填挖土方，为地上与地下空间流线的综合组织创造了有利条件。

扩建后的南京博物院，地下建筑面积达3万多平方米。设计利用200米长的地下通廊、4个大小不一的下沉庭院和12个采光中庭，把地下多个展厅联系起来，地下空间显得生动而活跃，同时也解决了地下公共空间的自然采光与通风问题。

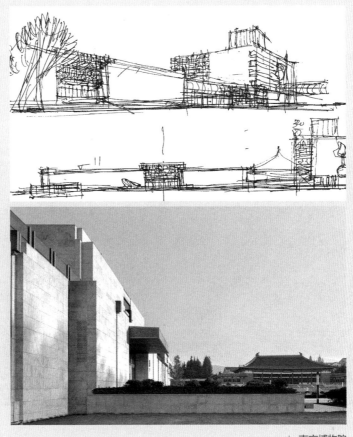

| 南京博物院

■ 杭州西站

　　作为基于中国国情的站城融合理念的最新设计实践，西站枢纽综合体旨在通过多维一体的交通组织，理性充分的综合开发，打造既有江南气质，又具未来感的创新站城空间。

　　杭州西站站房建筑面积约10万平方米，总规模为11台20线，采用"上进下出"模式，进站旅客以高架候车室候车为主，辅以线下快速进站厅。

　　设计团队以"云"为设计理念，提出"云谷""云厅""云门"等概念作为"云"意向的新呈现，既呼应了杭州"三面云山，一江抱城"的独特山水格局，又象征了城西科创大走廊的科技精神。此外，中国首个新建高铁正线上方雨棚上盖开发项目也在西站枢纽诞生，为中国高铁建设提供了土地集约利用的"杭州"模式。

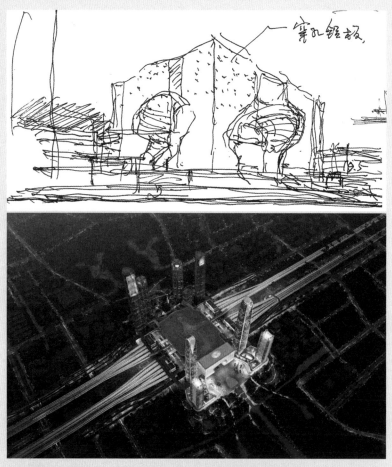

| 杭州西站

适应·更新·生长
——平实建造赋予建筑生命力

张鹏举
全国工程勘察设计大师
内蒙古工大建筑设计有限责任公司
董事长
国际绿色建筑联盟咨询委员会专家

扎根内蒙古，从事地域背景下的建筑创作、研究与教育工作，致力于建构内蒙古地域建筑学的理论框架和学科体系。在创作实践中，秉持融自然、低建造、承传统的理念，凝练相应的创作路径和方法，主持各类建筑设计工程200余项，树立了大量典型的地域性作品，获得了包括亚洲建筑金奖在内的各类奖项80余项，出版著作8部，发表论文60余篇。

建筑师在设计中需要对科技发展和时代的浮躁保持冷静的思考和批判的态度，如同尤利西斯抵御塞壬的歌声。——张鹏举

｜ 采访现场

刘大威（国际绿色建筑联盟执行主席、江苏省人民政府参事室特聘专家、江苏省建筑与历史文化研究会会长）：您将多年设计实践的经验总结为"平实建造"的创作理念，并赋予其完整的方法、策略与路径，能否请您结合案例介绍一下？

张鹏举："平实建造"，对我们而言，是一个基本的价值观和操作方式。"平实"既是态度，也是策略，还是结果。作为态度，可以表述为理性和诚实；对应策略，可以概括为"相适生成"，即建筑与在地背景条件相适配的生成过程；从结果来看，我们更关注这种从"相适"到"生成"过程中的联系与逻辑，进而呈现的状态，而不是从表面上容易看得到的"平实"表达。

我在当地做设计，面对很多具有地域特色的制约因素。在进行某一具体的建筑创作时，需要对不同的地域资源、气候、传统、经济、社会生活等要素进行考量，以相适应的策略分别处理。在理想状态下，多种策略手法相互糅合，相互包容，最终形成的建筑会是平实的，是一种叠加后"生成"。

但是，常常会有一种情况，各种策略并不能充分统合，各抢风头，建筑因此会变得"啰唆"，不够自明，能耗自然也就高了。因此，策略间的统合一体非常重要。通过将内在逻辑的有效联系转换为设计过程中的解决策略。不同逻辑间的自洽过程，也就是设计策略的糅合过程。若各逻辑之间能够浑然一体，建筑自然不会存在矛盾。

在"叠加生成"与"自洽生成"的基础上，建筑师秉持真诚的态度，追求建筑的"自然生成"。一栋真正意义上的好建筑，必然是真、善、美合一的建筑。在我看来，"美"是不用刻意追求与表现的。当设计师能够真实地对待建筑功能的基本诉求，善意地对待使用者的客观需求，"美"就会自然而然地"发生"，如果刻意将美作为建筑设计的目标，往往会带来用工和耗能的增加。我理解崔愷院士倡导的绿色建筑新美学，就是回归质朴常识的自然生成的美学。

刘大威： 非常赞成您的观点，确实，从功能出发，真诚、理性地接纳建筑的场所环境，善意、平和地实现建筑的功能表达，追求建筑各要素间恰如其分地耦合，美也就自然地产生了。

过去一段时间，在节能建筑和绿色建筑的设计中，更多地关注"主动式技术措施"，通过墙体保温体系、设备设施叠加等方式，实现相关技术指标。对被动式设计，往往关注不够，会出现建筑的先天不足，由此会带来能耗高和成本的提升。近年来，江苏已经认识并开始强调设计主导下的绿色建筑设计，充分发挥设计的主观能动性，充分考虑地域和场地条件，实现建筑功能空间与品质的提升，尽量减少设备设施干预，这其实也是"平实建造"的体现。

张鹏举： 我在整理《平实建造》一书时，也曾因书名而纠结。"平实"不意味"平常"。当建筑师真诚地对待建筑的具体问题，采用最适宜的策略时，创新往往会出现。如果忽略了个体化的差异，习惯于通过既定模式解决问题，反而会落入窠臼，落入某种意义上的"平常"。真诚地对待不同建筑的不同问题，采取最适宜的策略，结果往往会有惊喜。当然，这些都必须基于一种简单、平实的出发点。

刘大威： "建造"二字在设计领域相对于"建筑"而言，使用较少，您为何着重强调"造"的重要性呢？在您看来，"建造"与"建筑"间的区别是什么？

| 现场参观

张鹏举：通常大家说建筑，我更加愿意谈论建造。建筑有永恒的主题，是一个泛概念，建造则看重具体过程。我们设计建筑，必然是在追求一个结果，但我希望这一结果是在过程中获得的。相比于结果，方法可能更为重要。如果我们一开始便直奔预设的目标，可能会忽略了设计过程中逐步显现出来的需求与适宜策略。当然，我所指的"造"也包括真正施工过程的建造，就是说，对我来说图纸出手从来不意味着设计的终结。当方法恰当、过程恰当，结果也必然是恰当的。因此，做设计，我选择处于"造"的状态当中。

刘大威：我对您理念中"建造"的理解，大概是一种动态的、发展的创作方式，也蕴含着对设计对施工阶段的延伸控制。随着建造过程的不断深入，因地制宜地完善原有的建造方式，最终实现结果的适用与平实。

张鹏举：我是在一个特别的地域做建筑设计，处理地域所带来的自然、人文等具体问题的过程，就是一个"造"的过程。这与通过预先设定概念，再转换概念进行表达的设计方法有所不同。

刘大威：建筑设计与艺术创作又有不同，与在地性、气候、环境、场所密切相关。能否请您结合相关创作实践，为我们具体介绍下？

张鹏举：建筑在环境中扮演的角色一直是我特别关注的问题，它无法从设计任务书中找到答案。场地特性挖掘得越深入，建筑就越适宜、越"正确"。

每个建筑所对应的环境问题往往不同，需要设计师不断地去发现与挖掘。举个例子，我们学院建筑馆（内蒙古工业大学建筑馆），是由原属内蒙古工业大学的机械厂房改造而成的。保留历史建筑的人文记忆毫无疑问地成为建造的目标之一，而对既有建筑改造这件事本身赋予了这项工程天然的绿色生态意义。这两点不必过于关注，落实到具体操作层面的，如面

| 项目现场图

| 院子中庭景观 | 现场留存机械装置

对经济的控制、功能的多样、建筑安全及舒适度需求等多种问题才是我们需要一一解决的问题。对此，设计团队势必要想出若干恰当的策略。

我总是希望能找到统合多效的策略，解决建造过程中的一揽子问题。建筑馆北墙的楼梯，将各个不同大小、不同主题的展览空间联系起来，构成了一个竖向交通的空间。顶楼的美术教室不设隔断，向四周开放。整栋建筑就像一个空中舞台，为各类活动、展览提供场地，教师、学生在其中相遇、交流，严肃的教学气氛在不觉间消融。

实际上，这一空间形式也是统合各方面需求应运而生的。当我们在对建筑馆加固改造时，尽可能回避被动补强梁柱的方式，将加固与获取功能、空间设计相关联。建筑馆原是一个十几米高的开敞车间，我们在最薄弱的地方进行加层，综合考虑功能、动线与结构之间关系，在利于结构加固的前提下，创造出更多使用空间。建筑馆的北墙是一面临空墙，上下贯通的楼梯承担交通功能的同时，也为北墙提供支撑，优化了结构的性能。同时，北墙也是整栋建筑应对寒冷气候最薄弱的地方，通常需要通过增加保温达到目的。对此，设计在北墙楼梯下新增了多个对舒适度要求较低的附属房间，将北墙与真正的使用空间隔开，确保了主空间内的气温舒适度。

策略的统合多效，逻辑的自洽和谐，建筑的平实表达，一直是我追求的状态。

刘大威：现场直观的参观与体验，更让我们觉得您的建筑是留给未来的。当今，绿色低碳发展已经成为社会共同为之努力的方向，您身兼建筑师、教师、学者多重身份，有哪些建议意见？

张鹏举：建筑师应当主动思考如何从建筑设计的底层逻辑来实现建筑的节能降碳。刚刚提到，当建筑师能够真诚地对待房子，理性采取适宜策略，绿色是水到渠成的事情。我的一些比较早期的项目，虽然不以绿色为主题，但以今天的视角来看，这些建筑无论是从设计、能耗，还是人文关怀维度，都是绿色的。我最近在整理一本叫作《平实建造——地域建筑创作的绿色思维》的书。这本书是应邀为一套当下中国建筑创造中绿色低碳实践的丛书编写的，成为其中的一册。这本书也是期望依托过去的项目，从绿色角度出发，对弱经济、厚文化、严气候等地域背景下如何实现建造的路径进行梳理与总结。

刘大威：也就是说，结合在地的气候、环境、文化等因素，综合性提出合理适用的设计策略，用最真实的情感去面对、考量各方面的需求，在满足功能的前提下，尽可能减少建筑的能耗和设备需求，这样的建筑自然是平时的、绿色的，也是美的。今天，通过对您所创作建筑的直观体验，直观感受了"平实"建筑的内涵精神，再次感谢张大师。

建筑师与使用者对建筑的理解往往不完全相同，您觉得，在运维过程中，应当通过哪些方式来尽可能延续建筑师相关设计理念，延长建筑的寿命呢？

张鹏举：一栋建筑能够长效地、按照建筑师预想的空间状态发挥作用，是每个建筑师追求的理想境界。但我们经常看到的是，建筑进入使用、运维环节后的表现，并不尽如建筑师的意愿。这一问题可以从两个方面进行分析：一方

| 顶层交流空间

| 南北向楼梯

面，使用者对建筑的空间、气氛、状态的追求与建筑师的预想确实存在出入，这是无法改变的；另一方面，设计师也应当反思，有些改变根源在于建筑师未能以发展的眼光进行设计。某些时候，建筑师仅着眼于当下的特定需求，忽略了在长久的使用过程中，建筑空间功能改变的可能性。如何使建筑空间拥有应对多种使用需求的"弹性"，这很重要。

我们进行建造或改造的过程中，也特别注重空间未来使用过程中弹性变化的可能。内蒙古工业大学建筑馆项目完成后，我们承接了一系列改造工程，也总结了不少有意义的策略。其中比较重要的一点就是，改造不仅要满足当下的使用需求，更要考虑未来持续改变功能的可能性。当我们称赞一个改造项目时，很大原因是它可以满足我们现在植入的功能。因此，当我们在进行改造的同时，还应当考虑到后来者的需求与变化。这一问题是值得设计师深入思考与关注的。

（采访于2022年9月）

张鹏举大师团队部分成果展示

■ 内蒙古工业大学建筑设计办公楼

办公楼位于一个商业小区的角部，场址为一个40米×40米的方形用地。基于空间效率，基地被划分为8米×8米的标准柱网；为了缓冲由街道进入时的紧张感，角部挖出一入口边院；为引入光和风，用中厅将剩余的L形平面切分为大致均等的三个部分；基地北侧小区日照的限制自然地导致了建筑南北段不同的体量高度；三个体量与中厅的结合部位分别设置楼梯、电梯、卫生间等公共辅助内容；最后，在中厅上空，三个体量之间用桥进行连接。

北方寒冷的气候决定了界面的南虚北实——南侧开大窗，北侧开小窗，在强调材质真实性的前提下，延续本已裸露的结构及混凝土材质就自然成为界面材质的选择依据。

| 内蒙古工业大学建筑设计办公楼

■ 内蒙古工业大学建筑馆

建筑馆由原内蒙古工业大学机械厂改造而成，改造更新的切入点来源于一个平实的策略：识别。十几米高的开敞车间，引导着设计以一种开放的方式布置建筑馆的功能。在"对号入座"之前，一项工作必须先行完成，加层以获得更多的使用面积。加层方案在利于结构加固的前提下完成，同时不阻挡视野，积极营造水平无阻、上下通透的开放视野。这种视野的通透也造就了光和空气的流通，而三位一体的流通又进一步加强了交流空间的质量，同时也部分地实现了"绿色"的初衷。在竖直方向，为消除楼层带来的隔阂感，把展览空间与楼梯相结合，单元式的展览平台顺楼梯渐次抬升，有机联系了各层的高度，淡化了楼层感。

所有工作都是根据原来的空间特征加以利用，中间的院子有一些新元素加入进来，扩大门厅作为过渡和交流空间，是把时间节奏加到了空间序列中，形成有快有慢的节奏。

| 内蒙古工业大学建筑馆

■ 内蒙古师范大学少数民族雕塑艺术工程研究中心

内蒙古师范大学少数民族雕塑艺术工程研究中心坐落于一块梯形地段上，建筑面积6000余平方米，功能以雕塑车间为主，兼有学术交流空间和展览空间等，用于研发、制作各类雕塑，并进行展示、交流、洽谈、交易。

项目的设计过程表现为一系列的复合操作，即在建立不同维度秩序的基础上生成整体。建筑所处的梯形地段暗示了布局的外部边界，由此推定了建筑基底的基本轮廓。在此基础上，一条斜向贯穿的轴线开启了空间形态的所有操作。这条轴始于雕塑学院，经校园绿地，过门前广场，贯穿建筑整体，直至北端的一条校园路结束。由此，各雕塑车间被轴线所串联，使位列于轴线两旁的雕塑车间获得了较好的地位和出入关系。

构成雕塑中心主体体量的是大大小小的雕塑车间，它们是整体建筑的细胞单元。依照功能要求，这些单元长宽不等、高矮各异。因高效的使用要求导致雕塑车间内部不宜设柱，而建筑总体上又以一层空间为主，故使用轻钢屋面结构。高起部分相对布置在斜轴两旁，屋面向中间延伸，在斜轴中心处相交，搭起共同的屋脊。这一屋脊下的室内空间有着营造轴线的仪式感所需的核心高度。

| 内蒙古师范大学少数民族雕塑艺术工程研究中心

■ 盛乐博物馆

项目位于内蒙古境内北魏盛乐古城遗址旁边，是一座专题性小型博物馆。建筑以青砖和通过提炼北魏文化元素而特制的"佛像砖"作为墙体材料，整体形象厚重、简明，传达出"城""台"等的意象特征。同时，应对地形并参照文物保护的要求，采用下沉、覆埋等方式，进而，结合"双墙""光缝"等生态策略，力求达到节能降耗、减少运营费用的目的。

| 盛乐博物馆

访谈花絮

关注使用者的长期体验感受，实现建筑可持续发展目标

杨 明

华东建筑设计研究院有限公司总建筑师

长期致力于城市绿色更新、工业遗存更新改造和城市公共文化建筑的工程实践与研究。关注基于"用"的场所特征和公共价值呈现，主张以"自然因应"的方式生成具有长期使用适应性和日常仪式感的良好建筑，促进建成环境品质的可持续迭代提升。曾获联合国教科文组织亚太地区文化遗产保护杰出奖、亚洲建筑师协会年度保护更新类建筑金奖、美国AAP规划金奖、欧洲A'Design Award建筑设计银奖、美国IAA展览类项目奖，全国绿色建筑创新奖一、二等奖，全国勘察设计一、二奖，全国建筑创作奖、全国优秀城乡规划设计一、二等奖等荣誉。

在当下，努力实现碳达峰和碳中和是全社会节能减排的总体目标。作为一名建筑师，在设计实践中往往是以建筑的绿色节能和生态友好作为打造绿色建筑的具体行动方向。个人觉得，"可持续建筑"的提法应该与建筑师的创作目标与结果期许更契合一些。建筑师以人为本，通常不只关注建筑的能耗、碳排量等绿色数据，更关注使用者的长期体验感受。

举例说，我们的"天宫号"空间站足够科技、足够节能，北京山顶洞人遗址也足够生态、足够节能，但这两处都不会是大家认知中的理想居所，原因是这其中暗藏着一对矛盾。从人类发展的角度来看，更舒适的生活与更高的能耗有着同向关系，以单纯减少能量使用作为达成幸福生活目标的路径是不大现实的。因此，在工程实践的过程中，建筑师更应着重关注能源的消耗方式是否有效提升了使用者的舒适感受。现有的绿色建筑评价体系，更多还是从硬件控制的角度关注设备设施的节能减排，反而相对忽略了长期有效使用这一点。

由此出发，我对"建筑全生命周期"的绿色设计也有一些自己的理解。建筑从建造到使用再到破败，熵增是不可逆的，能耗增长不可避免。为此，建筑师要做的是对建筑的能耗方式进行一定程度的干预控制。通过基于使用需求的目标性设计，合理分配能耗，尽可能延长建筑的有效使用寿命，减少全生命周期中各个环节的能耗和碳排总量。在这一理念指导下，所谓"绿色建筑"应能够通过设计的适宜高效，实现使用上的可持续和"性价比"的平衡。建筑的"性价比"概念看似通俗，却应成为衡量建筑是否"绿色"的重要指标。这需要业内各领域通力合作，从"建筑全生命周期"的整体视角来进行观察思考。

绿色建筑的发展是由量化技术领域率先发起的，经历过一段通过设备设施的添加或专项标准的提升来实现建筑"增绿"的时光，这同时也不可避免地带来了非适用性能耗的增长。时至今日，在"双碳"目标的大背景下，我们要站在最终使用的角度来评估绿色建筑的意义和实施逻辑。只有真正提升了生活品质、真正有助于建筑可持续利用的那些理念、技术和设施，才是节能减排工作所需要的，也才能真正支撑起使用意义上的绿色建筑。

我们在讨论"城市发展"话题时，通常默认的前提是：城市是人们所向往和追求的。这就意味着未来的城市建筑一定会更高、更密、功能也更加复杂，这是"城市"作为人群集聚体发展的基本状态和规律。

从这个意义上讲，限制建筑的建造高度只能是短期权宜之计，最终还是要屈服于城市可建设用地日益匮乏的发展趋势。虽然在许多科幻电影中会看到大量的地下城市，但那应该只是建筑在向上发展遇到外界阻力之后的备用选择。更可能的方式还是在有限的土地上空探索新的技术和空间组合方式，尝试将更多的使用功能抬升到高空中。

我们团队目前正在与CAAU合作设计建造的深圳宝安公共文化艺术中心项目就体现了这样一种可能的开发方向。它在城市用地高利用率的诉求下，将常规低平布置的博物馆、美术馆和演艺中心进行了高层化组合，打造了国内最高的专业性博物馆，形成了一座极少见的百米高层纯文化建筑。今后随着城市建设的深度开展，城市土地的供给会更趋紧张，这种高层甚至超高层建筑复合各种非传统功能的情况也会愈发常见。

| 深圳宝安公共文化艺术中心效果图

深圳宝安公共文化艺术中心建筑面积10万平方米，既是一座集最新展馆设计理念、绿色生态技术与高科技互动体验为一体的多维信息平台，也是展现未来城市更新愿景的巨幅都市画卷。建筑包含了博物馆、美术馆和演艺中心功能，基于中心城区土地高效利用的需求，这些高大空间场馆被组合成一座极少见的百米高层纯文化建筑，将呈现国内最高的专业博物馆。

和向上生长的高层建筑遵循同样的逻辑，水平展开的超大空间公共建筑的出现也始终暗含着人类对城市观念的无限信心和对自身对抗自然能力的崇拜纪念。因此，只要工程技术持续发展并伴随着社会财富的积累，超大空间公共建筑就会继续以我们想象不到的方式涌现出来。而在另一方面，对超大空间公共建筑可持续利用的需求又将促使它们被改造或以新的生产方式来呈现。在可预见的未来，它们将变得更加丰富多样，或是空间功能更加复杂，或是与其他建筑结合得更加紧密，最终走向高频度的日常化使用是必然的趋势。

就比如体育馆类建筑，今后将不仅以类似奥体中心的专业组团形式出现，还更可能与住区结合，成为以日常生活为主导的大型综合社区的配套建筑。为解决体育场馆在特定赛事后持续利用的问题，改革开放初期就有过将家具城搬进体育馆转换日常使用方式的尝试。在当下，面对单一功能超大空间公共建筑走向多元功能融合的发展趋势，在建筑策划的早期将功能类型、建设条件、运营管理模式拆解分析透彻，变得比单纯的建筑设计更为重要。外围利益相关方关于高效使用土地资源的要求越明晰，反而越能激发建筑师的灵感，从而促使其在超大空间公共建筑或是前面提到的高层建筑设计中进行不断创新。毕竟建筑师更擅长的依旧是空间形态组织，有足够的竞争心、创造力和技术准备来满足使用者和开发方的各种新需求。

最近十多年来，我国建筑业从以发展新建建筑为主，逐渐向新旧建筑并重的城市更新模式转向，这是城市建设用地趋向长期紧张、可持续发展理念价值显现的必然结果。城市更新，本身就是一个适应需求变化优化迭代的持续性过程。在这一过程中，建筑的功能会不断叠加，与区域周边其他建筑的互动与联系也越来越强。新旧建筑交织聚落，最终会逐渐脱离自上而下的城市功能区划限制，形成以日常生活为基础的城市功能区。这些来自生活实践的变化和需求会孕育反向的市场力量，推动城市管理政策的优化发展，将城市更新过程变得更加丰富和可持续。

作为处在这一波城市更新浪潮中的建筑师，我们对这一工作的认识在过去十多年的实践中经历了从"钩沉历史，利旧为新"到"面向未来，塑造历史"的认识提升。大约八九年前，我们团队承接了南京下关电厂码头的改造工程。那时候电厂刚拆除，码头只是长江大堤外一块废弃的水泥平台。在区政府的支持下，我们利用现场保留的水泵房、变电所和燃煤传送带等工业遗存做了些民用化改造，将这块小小的场地转变成了电厂遗址博物馆和社区日常活动的广场，在当年一举获得了亚洲建筑师协会年度保护更新类建筑唯一的金奖。下关电厂码头改造项目虽然小，但它很好地诠释了绿色设计中常用的"3R"原则——Reduce、Reuse、Recycle，尽量减少对自然环境新的索取，从节地、节材到整体节能都体现了可持续发展的理念。已经失去既有功能的旧建筑通过适当的内容植入和有针对性的改造设计，也可以很好地融入当下的生活，从而实现空间寿命的延续。

像这些对既有建筑的改造利用，本质上讲都是在回应城市更新所依托的空间资源高效利用的理念。在城市用地日趋紧张的背景下，这样的价值导向和应用探索，近几年已经拓展到对新建建筑的设计思考中。立足于建筑的全生命周期视角，以未来定义当下，在建设之初就为将来的更新活动预留弹性的空间技术条件，正日渐成为一种展现最新可持续发展理念的绿色建筑设计趋势。无论是目前流行的混凝土预制装配、合成木构建筑，还是灵活的模块结构体系，都是这一趋势的反映。

2020年，我们团队在崇明岛设计建造了第十届中国花卉博览会世纪馆，尝试对这一理念进行实践。世纪馆项目以覆土建筑的形式呈现，通过合理利用场地自然属性并与被动式绿色技术相结合，实现了1.7万平方米屋顶覆盖下的建筑自然通风与采光，达成了美国WELL标准的金级预认证。除此之外，它特别根据建筑在会后可能的功能策划进行了预先设计，并据此结合会期内的应用情况制定了"主体+替换单元"的建造组合方式。以永久存在的混凝土连续拱壳屋面加外围摇摆柱作为建筑主体，以可替换的轻质"独立展厅"单元承载使用功能，从而既达到在会期内为后置的展陈内容提供足够的空间宽容度，又保证会后改造时新旧功能单元替换的最大灵活度，成功实现了"可持续"更新设计理念在新建建筑中的应用。

在业内，我们常常听人说要建"百年建筑"。应该认识到的是在这100年中，建筑的使用功能并不是一成不变的，它的身份变化比我们想象的更快，持续的更新活动不可避免。秉持这样一种发展的眼光，我们现在对于城市更新概念的理解更加真实开放。在进行项目实践的时候，已经能够让在手的更新设计工作逐渐摆脱不断回头看的束缚，主动转向重点关注当下、大胆预制未来的前瞻状态。

| 第十届中国花卉博览会世纪馆

世纪馆是第十届中国花卉博览会的两大永久馆之一，建筑面积 1.2 万平方米，获得了美国 WELL 标准的金级预认证。建筑全面实践了绿色可持续的设计理念，展期内临时场馆空间均为易拆卸的轻型结构，而展后永久利用的主体结构则采用了创新的节材技术。翼展 280 米的连续屋面拱壳是全国最大的自由曲面预应力混凝土薄壳结构，厚度仅为 250~500 毫米，通过结合巷道通风、导管采光等被动式绿色技术，完美展现了景观式覆土建筑的气候适应特征。

应该说建筑师和使用者之间从来不存在真正对立的矛盾。建筑的设计理念和空间设计成果总体而言都是围绕着使用者建立和展开的，使用者的需求才是激发建筑师灵感的最根本来源。

真正和建筑师的自由意志相冲突的是行业中没能把使用者的真实需求放在核心位置的种种状态，包括对个人权属空间使用方式的过多行政干涉、对建筑师专业责权能力的制度性怀疑、失去质量服务核心的工程总包制度、几近文盲水准的个体施工技术底线，还有必须过关但其实并不真正关注使用者的各种专业咨询评估等，它们才是禁锢在建筑师身上的真正镣铐。对于这些挑战，在当下的工程实践中并没有很好的办法可以真正去克服，妥协是唯一的途径，区别只在于建筑师看待妥协的态度是积极还是消极。如果能始终保持清醒的头脑和相对良好的心态，做到越挫越勇，那么即使是"带镣起舞"，也有可能舞得精彩。我很期待建设行业能有更宽松、可靠的环境，支持帮助建筑师为城市更多元、更高效、更可持续的发展贡献出最大的力量。

（采访于 2022 年 11 月）

杨明团队部分成果展示

■ 世博会博物馆

世博会博物馆是上海第一座获得国际组织授权的专业类博物馆，建筑面积4.7万平方米。设计以"永恒的瞬间"为理念，通过历史河谷和欢庆之云两大组成部分的空间、材质对比，打造了一座记刻时间的容器，回应了人类对历史与未来的美好想象。项目秉承了2010年上海世博会"城市让生活更美好"的主题，空间开放包容，为市民提供了一处国际化的城市文化客厅。

| 世博会博物馆

■ 南京下关电厂码头遗址公园

　　南京下关电厂码头遗址公园位于中山码头长江大堤外侧，建筑面积0.35万平方米。针对这块电厂搬迁后遗留的城市飞地，设计以"沟通"为目标，利用场地内残留的水泵房、变电间、运煤皮带等空间遗存物改造出了电厂遗址博物馆和社区活动广场。该项目2016年获得亚洲建筑师协会年度建筑保护更新类唯一金奖时，得到的评价是"成功地将历史遗迹重新带入当下生活……"。

| 南京下关电厂码头遗址公园

■ 长春拖拉机厂更新改造规划

长春拖拉机厂更新改造规划占地35公顷，获得了2019年International Architecture Award保护更新类建筑奖。工厂停产后，原有厂域被整体划为文物保护区域，历史空间肌理虽然得以保留，但同时也带来了发展迟滞的问题。设计以"塑造记忆的未来"作为更新规划的目标，把打造遗存空间在未来的多样化使用作为途径，通过建筑的媒介作用将拖拉机厂的历史信息和作用突显出来，扩大了其在未来区域发展中的积极影响力。

| 长春拖拉机厂更新改造规划

访谈花絮